한식조리

기능사 실기 한권합격

시대에듀

■ 머리말

전문인으로 인정받는 조리사의 길로 안내합니다.

현대는 과학의 발전과 더불어 인간의 생활수준이 향상되고 있습니다. 현대인들은 건강하게 오래 살기를 원하며 삶의 질을 윤택하게 하기 위해 전문적인 직업을 갖고자 합니다.
외식산업의 발달과 더불어 조리사는 21세기 유망 직종으로 각광받고 있습니다.
한국산업인력공단에서 실시하고 있는 국가기술자격검정을 통해 자격증을 취득하여 보다 전문적이고 인정받는 조리사의 길로 한 걸음 더 다가갈 수 있습니다.

본 교재는 저자가 조리사 직업교육을 강의하면서 쌓은 경험을 토대로 수험생들이 혼자서 실습하는 데 쉽게 이해할 수 있도록 하나하나 자세한 설명을 덧붙여 집필하였습니다.

또한 컬러화보로 구성하여 이해도를 높였으며 조리에 대한 자세한 설명과 노하우를 동영상에 수록하여 독자 스스로 실습이 가능하도록 하였습니다.

이 책을 통해 수험자 모든 분들이 합격하여 희망하는 분야에서 전문인으로 성장하기를 바라며 앞으로 변화되는 부분은 계속 보완해 나가도록 최선을 다하겠습니다.
수험생 여러분! 조리기능사 자격시험에 꼭 합격하기를 진심으로 기원합니다.

끝으로 이 책의 발간을 위해서 수고해주신 모두에게 진심으로 감사드립니다.

저자 **배은자**

차 례

PART. 1 한식조리기능사 **실기 과제**

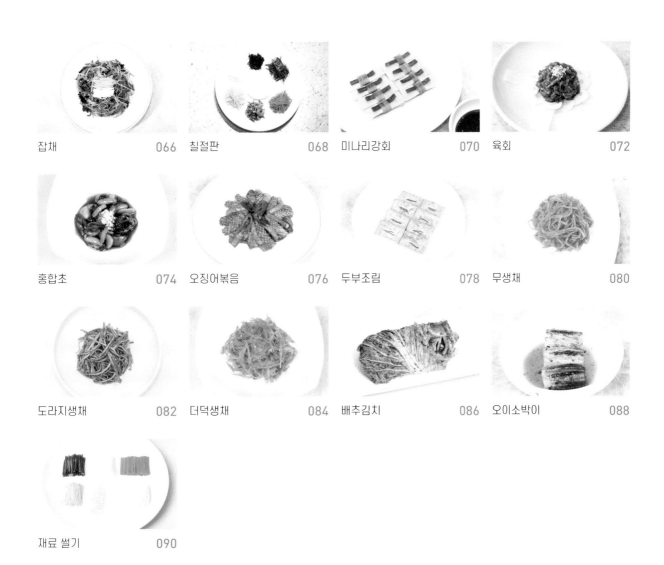

PART. 2 한식조리기능사 더 알아보기

차 례

실기시험 안내

실기시험 접수 안내

1. 실기시험 대상자
- 필기시험 합격자
- 국가기술자격법 시행규칙 제18조에 따른 필기시험 면제 대상자(자세한 사항은 공단 지역본부 및 지사로 문의)

2. 원서 접수
- 접수방법 : 큐넷 홈페이지(www.q-net.or.kr) 인터넷 접수
- 회별 접수기간 별도 지정
- 원서접수 시간 : 회별 원서접수 첫날 10:00부터 마지막 날 18:00까지

3. 실기시험 시행
- 월별, 회별 시행지역 및 시행종목은 지역별 시험장 여건 및 응시 예상인원을 고려하여 소속기관별로 조정하여 시행
- 실기 시험시간은 수험인원 및 시험장 상황을 고려하여 소속기관별, 시험장별로 별도 지정함
- 수험자 전원이 응시하고, 수험자 교육이 완료되면 곧바로 시험 시작 가능

4. 기타 유의사항
- 공단 인정 신분증 미지참자는 당해 시험 정지(퇴실) 및 무효처리
- 해당 회차 실기시험의 합격자 발표일 전까지 동일한 종목 실기시험에 중복 접수 불가

5. 합격자 발표
- 발표일자 : 회별 발표일 별도 지정
- 큐넷 홈페이지(www.q-net.or.kr)에서 로그인 후 확인
- ARS 자동응답전화(☎ 1666-0100)로 확인

실기시험 진행방법

1. 수험자는 수험번호와 시험날짜 및 시간, 장소를 정확히 확인하여 지정된 시간 30분 전에 시험장에 도착한다.
2. 수험자 대기실에서 조리복으로 갈아입고 기다린다.
3. 출석을 확인한 후 등번호를 배정받고 시험위원의 지시에 따라 시험장에 입실한다.
4. 배정받은 등번호에 지정된 조리대에 준비되어 있는 조리기구와 수험자 준비물을 정리정돈하고 차분한 마음으로 시험을 준비한다.
5. 재료를 지급받으면 지급재료 목록표와 차이가 없는지 확인하고, 차이가 있으면 시험위원에게 알려 시험이 시작되기 전에 조치를 받도록 한다.
6. 수험자 요구사항을 충분히 숙지하여 정해진 시간 내에 지정된 조리작품을 만들어 내도록 한다.

실기시험 안내

수험자 주의사항

1. 시험 전날 준비사항

- 수험자는 시험일정이 정해지면 준비물을 꼼꼼히 준비한다.
- 냄비는 시험장에 제출하는 양이 한 컵 기준이므로 지름 18cm가 적당하다.
- 지단 팬은 별도로 준비한다.
- 준비물에 없는 꼬치 여유분, 밀가루 반죽 시 사용할 위생봉투도 준비한다.
- 장신구(시계, 반지, 팔찌) 등의 착용과 매니큐어의 사용을 금하며, 위생복은 미리 깨끗하게 준비한다.

2. 시험 당일

- 수험자는 자신의 수험번호와 시험날짜 및 시간, 장소를 확인하여 지정된 시간 30분 전에 시험장에 도착하여 위생복과 위생모, 앞치마를 착용하고 기다린다.
- 출석을 확인한 후 등번호를 배정받고 시험위원의 지시에 따라 시험장에 입실한다.

3. 시험장에서의 주의사항

- 배정받은 등번호에 지정된 조리대에 조리기구와 수험자 준비물을 정리하고 시험위원의 지시에 따른다.
- 지급재료 목록표와 지급받은 재료가 차이가 없는지 확인하여 차이가 있으면 시험위원에게 알려 시험이 시작되기 전에 조치를 받도록 한다.
- 조리기구 사용 시 안전에 유념하고, 특히 손을 다쳤을 경우는 바로 시험위원에 알려 조치를 취한다. 시험 점수에는 관계가 없다.
- 지급된 재료는 추가 지급되지 않는다.
- 제시하는 작품은 두 가지로, 정해진 시간 내에 제출해야 점수를 받을 수 있다.
- 가스불은 하나밖에 사용할 수 없기 때문에 작품 두 가지를 시간 내에 완성하려면 무엇을 먼저 할 것인지 생각한다.
- 시험장에서 가장 주의할 점은 불을 놀리지 말아야 한다는 것이다.
- 작품이 완성되면 요구사항을 확인하고, 지급재료 이외의 재료가 들어갔는지 다시 확인한 후 시험위원이 지시하는 장소로 신속히 제출한다.
- 작품 제출 후에 본인의 조리 작업대를 깨끗이 청소하고 조리기구를 정리정돈한 후 시험위원의 지시에 따라 퇴장한다.

> **알아두기**
>
> 1. 시험장에 따라 지급재료가 다소 다를 수 있다. 이때 지급된 재료만 사용하여 요리한다.
> 2. 재료를 준비하는 순서는 유동적이어서 본 책과 동영상의 순서가 다소 다르므로 유의한다.
> 3. 실기시험은 평소 연습을 많이 하여 도구 사용에 익숙해지도록 하며, 시간을 최대한 단축시켜야 실수를 줄일 수 있다.

수험자 지참 준비물

번호	지참 공구명	규격	단위	수량	비고
1	가위	–	개	1	–
2	강판	–	개	1	
3	계량스푼	–	개	1	
4	계량컵	–	개	1	
5	국대접	기타 유사품 포함	개	1	
6	국자	–	개	1	
7	냄비	–	개	1	시험장에도 준비되어 있음
8	도마	흰색 또는 나무도마	개	1	
9	뒤집개	–	개	1	–
10	랩	–	개	1	–
11	마스크	–	개	1	착용하지 않을 경우 채점대상에서 제외(실격)
12	면포/행주	흰색	장	1	
13	밀대	–	개	1	–
14	밥공기	–	개	1	–
15	볼(Bowl)	–	개	1	
16	비닐백	위생백, 비닐봉지 등 유사품 포함	장	1	
17	상비의약품	손가락골무, 밴드 등	개	1	
18	석쇠		개	1	
19	쇠조리(혹은 체)	–	개	1	
20	숟가락	차스푼 등 유사품 포함	개	1	
21	앞치마	흰색(남녀 공용)	개	1	
22	위생모	흰색	개	1	착용하지 않을 경우 채점대상에서 제외(실격)
23	위생복	상의 : 흰색, 긴소매 하의 : 긴바지(색상 무관)	벌	1	
24	위생타월	키친타월, 휴지 등 유사품 포함	장	1	–
25	이쑤시개	산적꼬치 등 유사품 포함	개	1	
26	접시	양념접시 등 유사품 포함	개	1	
27	젓가락	–	개	1	–
28	종이컵	–	개	1	
29	종지	–	개	1	
30	주걱	–	개	1	
31	집게	–	개	1	
32	칼	조리용 칼, 칼집 포함	개	1	
33	포일	–	개	1	–
34	프라이팬	–	개	1	시험장에도 준비되어 있음

※ 지참 준비물의 수량은 최소 필요수량이므로 필요시 추가 지참 가능하며, 준비물은 기관명, 이름 등 표시가 없는 것이어야 합니다.
  준비물 목록은 시행처의 사정에 따라 변경될 수 있으므로 기타 자세한 사항은 큐넷 홈페이지를 참고하시길 바랍니다.

한국음식의 기본

한국음식은 곡식, 육식, 채식의 재료가 다양하고 풍부한 동시에 이를
조미하는 간장, 된장, 고추장 등의 양조법이 발달하였다.

한국음식의 특징

그 나라의 식생활 양식은 지리적 · 사회적 · 문화적 환경에 따라 형성되고 발전한다. 우리나라는 아시아 동부에 위치한 반도로서 수산물이 풍부하고 사계절의 구분이 뚜렷하며, 기후의 지역적인 차이로 농산물 · 수산물 · 축산물 등의 재료가 풍부하고 다양하다. 또한 장류, 김치류, 젓갈류 등의 발효식품 개발과 식품저장 기술도 일찍부터 발달해 왔다. 중국 대륙과 일본열도 사이에 자리잡고 있어 문화적으로는 세 나라가 음식에 있어 공통점도 가지고 있지만 기후나 지형 조건이 다르므로 상이한 점도 많이 있다. 우리나라 음식은 계절과 지역에 따른 특성을 잘 살렸으며, 조화된 맛을 중히 여겼고 식품배합이 합리적으로 잘 이루어져 있으며, 특히 음식을 만들 때의 마음가짐과 바른 태도를 중요하게 여겼다.

상차림

상차림은 크게 일상적 상차림과 의례 상차림으로 나뉜다. 한국 일상 음식의 상차림은 전통적으로 독상이 기본이다. 일상식 상차림은 사람이 생활하며 매일 반복하는 반상, 하루에 먹게 되는 밥을 대신해 죽이나 국수 등을 주식으로 해서 먹는 죽상, 면상과 특별한 날 손님을 청하여 대접하는 주안상 · 다과상이 있다. 의례 상차림은 목적에 따라 나뉠 수 있는데 사람의 평생 의례에서 일생의 고비마다 차려먹으며 의미를 새기는 돌상, 관례상, 혼인상, 제상 등이 있다.

1. 일상적 상차림

(1) 주식에 따른 분류

① 죽상(粥床) 차림

- 이른 아침에 일어나 처음 먹는 부담이 없고 가벼운 음식으로 초조반 또는 낮것상으로 차린다. 죽을 주식으로 하는 상을 말하며 국물김치(동치미 · 나박김치) · 맑은 찌개 · 장이나 꿀을 기본으로 차리고, 찬품으로는 마른 찬(북어보푸라기)과 포(육포, 어포)나 자반 등을 함께 차린다. 죽상에는 짜고 매운 찬은 어울리지 않는다.
- 죽상의 종류와 음식

상의 종류	음식명
응이상	응이, 동치미, 꿀
미음상	미음, 동치미 또는 나박김치, 마른 찬, 간장 또는 소금, 꿀
죽상	잣죽, 동치미 또는 나박김치, 마른 찬, 자반, 맑은 찌개, 간장 또는 소금, 꿀

② 장국상 차림

조석의 식사 때보다는 평상시의 점심 식사로 또는 잔치 때 손님에게 내는 상으로 국수를 주식으로 하여 면상(麵床)이라 한다. 주식으로는 온면, 냉면, 떡국, 만둣국 등이 오르며 부식으로는 찜, 겨자채, 잡채, 편육, 전, 배추김치, 나박김치, 생채 등이 오른다.

③ 반상차림

밥상과 같은 뜻으로 밥과 여기에 알맞은 반찬을 장만하여 상을 차린다는 뜻이다. 술에 안주를 곁들여서 차리면 술상이 되는 것과 같다. 찬품은 편육 또는 수육(熟肉), 전유어(저냐), 회(생회 · 숙회 · 강회 등), 조림 또는 볶음, 구이(더운 구이 · 찬 구이) 또는 적(炙), 나물(숙채), 생채(生菜) 또는 겉절이, 장아찌 또는 장과, 젓갈, 자반(佐飯) 또는 마른 찬류 등이다.

(2) 인원구성에 따른 분류

① 반상(飯床) 차림

밥과 반찬을 주로 하여 격식을 갖추어 차리는 상차림으로서 아랫사람에게 차리는 밥상이다. 어른에게는 진지상, 임금에게는 수라상이라 하여 받는 사람의 신분에 따라 명칭이 달라진다. 또, 한 사람이 먹도록 차린 반상을 독상(외상), 두 사람이 먹도록 차린 반상을 겸상이라 한다. 반상에 차려지는 찬품의 수에 따라 3첩, 5첩, 7첩, 12첩으로 나누는데 신분이 높고 여유가 많은 가정에서는 첩 수가 더 많은 반상을 차렸다. 조선시대의 궁중에서는 12첩 반상을 차렸으나 사대부집에서는 9첩 반상까지만 차리도록 제한하였다고 한다.

반상에 기본적으로 차리는 음식은 밥, 국, 김치, 장류, 찜, 찌개로 첩 수에 세지 않는다. 첩 수에 들어가는 찬품으로는 생채, 숙채, 구이, 조림, 전, 장과, 마른 찬, 젓갈, 회, 편육 등으로 쟁첩에 담는다.

3첩 반상	5첩 반상
• 기본적인 밥, 국, 김치, 장 외에 세 가지 찬품을 내는 반상 • 첩 수에 들어가지 않는 음식 : 밥, 국, 김치, 장 • 첩 수에 들어가는 음식 : 생채 또는 숙채, 구이 혹은 조림, 마른 찬 · 장과 · 젓갈 중에서 한 가지	• 밥, 국, 김치, 장, 찌개 외에 다섯 가지 찬품을 내는 반상 • 첩 수에 들어가지 않는 음식 : 밥, 국, 김치, 장, 찌개(조치) • 첩 수에 들어가는 음식 : 생채 또는 숙채, 구이, 조림, 전, 마른 찬 · 장과 · 젓갈 중에서 한 가지
7첩 반상	**9첩 반상**
• 밥, 국, 김치, 장, 찌개, 찜, 전골 외에 일곱 가지 찬품을 내는 반상 • 첩 수에 들어가지 않는 음식 : 밥, 국, 김치, 장, 찌개, 찜(선) 또는 전골 • 첩 수에 들어가는 음식 : 생채, 숙채, 구이, 조림, 전, 마른 찬 · 장과 · 젓갈 중에서 한 가지, 회 · 편육 중에서 한 가지	• 밥, 국, 김치, 장, 찌개, 찜, 전골 외에 아홉 가지 찬품을 내는 반상 • 첩 수에 들어가지 않는 음식 : 밥, 국, 김치, 장, 찌개, 찜, 전골 • 첩 수에 들어가는 음식 : 생채, 숙채, 구이, 조림, 전, 마른 찬, 장과, 젓갈, 회 · 편육 중에서 한 가지
12첩 반상	
• 밥, 국, 김치, 장, 찌개, 찜, 전골 외에 열두 가지 이상의 찬품을 내는 반상 • 첩 수에 들어가지 않는 음식 : 밥, 국, 김치, 장, 찌개, 찜, 전골 • 첩 수에 들어가는 음식 : 생채, 숙채, 구이 2종류(찬 구이, 더운 구이), 조림, 전, 마른 찬, 장과, 젓갈, 회, 편육, 수란	

② 교자상(交子床) 차림

교자상은 4인 기준의 큰 사각반이나 또는 원반에 여러 사람을 함께 대접하는 상차림으로 잔치 또는 회식, 경사 등이 있을 때 마련하는 상이다. 교자상은 모임의 목적, 손님의 분류, 연령, 성별, 계절 등을 고려해서 식단을 작성하며 음식을 한꺼번에 차리지 않고 처음에는 술과 식욕을 돋울 수 있는 전채음식을 낸 다음 순차적으로 2~3가지씩 낸다. 술도 마시고 밥도 먹도록 차리는 교자상을 얼교자상이라 한다.

교자상의 식단으로는 면, 탕, 찜, 전유어, 편육, 적, 회, 겨자채, 신선로, 김치, 장, 각색 편, 약식, 잡과, 정과, 숙실과, 생실과, 마른 찬, 수란, 수정과 등이 있다.

(3) 기호식에 따른 분류

① 주안상(酒案床) 차림

이름 그대로 주류를 대접하기 위해 술안주가 되는 음식을 고루 차린 상이다. 주안상은 외상보다는 둘 이상이 겸상을 하게 된다. 음식을 상에 낼 때는 먼저 술과 포나 마른안주를 내어 술잔이 고루 돌려지면 찬 음식과 더운 음식을 때에 맞추어 바로바로 내도록 한다. 술을 거의 들면 면이나 떡국 등으로 주식을 마련한다. 식사 후에는 후식으로 조과, 생과, 화채 등을 한 가지 정도씩 내도록 한다.

② 다과상 차림

다과상은 평상시 식사 이외의 시간에 다과만을 대접하는 경우와 주안상이나 장국상의 후식으로 내는 경우가 있다. 음식의 종류나 가짓수에는 차이가 있으나 떡류, 조과류, 생과류와 음료로는 차가운 음청류와 더운 차를 마련한다. 특히, 각 계절에 잘 어울리는 떡, 생과, 음청류를 잘 고려하여야 한다.

2. 의례 상차림

모든 사람은 일생에 한번 태어나서 죽음에 이르기까지 반드시 통과하여야 하는 '통과의례(通過儀禮)' 과정을 거치게 된다. 통과의례란 임신, 출생, 백일, 돌, 관례, 혼례, 회갑, 상례, 제례 등 일생을 통하여 그때그때 적절한 시기에 당사자를 위한 의례를 하는 것을 뜻하며 일생의례(一生儀禮)라고도 한다. 우리나라의 통과의례에는 각기 규범화된 의식이 있고 그 상차림에는 소망과 복을 비는 마음이 담겨 있다.

(1) 백일상

아기가 태어난 지 100일이 되는 날에 백설기와 음식을 차려 친척과 이웃들에게 대접하고 축하하면서 아기의 무병장수를 빈다. 차리는 음식으로는 흰밥, 미역국, 백설기, 수수경단, 오색송편, 인절미 등을 마련한다. 이 중 백설기는 백설같이 순수 무구하기를 바라고, 수수경단은 수수의 붉은색이 부정을 막아주는 주술적인 의미를 담은 것이며, 송편은 아기가 속이 차기를 기원한다는 의미를 담고 있다.

(2) 돌상

아기가 만 1년이 되면 첫돌이라 하여 돌잡이상을 차린다. 차리는 음식과 물건은 모두 아기의 장수와 다재다복을 바라는 마음으로 준비하며 음식은 백설기, 수수경단, 쌀, 국수, 과일, 대추 등이 있다. 과거에는 음식 외에 남아는 돈, 종이, 붓과 먹, 천자문, 활과 화살을 놓고 여아는 천자문 대신 국문책을, 활과 화살 대신 색실, 자 등을 놓았다.

(3) 생신상

태어난 날을 기념하는 날로 일반적으로 어른의 생신날에 자손이 축하와 봉양의 뜻으로 반상을 제대로 갖추어 대접한다. 생일 아침상은 9첩 반상으로 차리는 일이 많은데 흰밥과 미역국을 꼭 올리고 김치류, 찜, 전골, 찌개, 젓갈, 생채, 각색 전유어, 자반, 조림, 적, 회, 삼색나물 등을 올린다. 점심상은 면상으로 차리는데 국수장국, 김치류, 장류, 전골, 찜, 생채, 회, 각색 전, 삼색나물, 편육 등을 차려낸다. 다과상에는 약과, 약식, 떡(송편, 경단, 증편), 정과, 각색 다식, 식혜 또는 수정과, 강정, 과일을 올리고 떡은 이웃과 나누어 먹는다. 손님을 대접할 때는 교자상 차림의 잔칫상을 마련한다.

(4) 차례상(册禮床)

아이가 서당에서 책 한 권을 다 읽어 떼었을 때 행하던 의례로 책례는 책거리 또는 '책씻'이라고도 한다. 스승에게 감사하고, 친구들과 함께 자축을 하는 일로 축하음식으로는 국수장국, 송편, 경단 등이 있다.

(5) 관례상(冠禮床)

예부터 아이가 자라서 사회적으로 책임이 인정되는 나이에 행하는 의례로 오늘날로 보면 성년식(成年式)에 해당된다. 차리는 음식으로는 술을 비롯한 여러 가지 안주용 음식과 국수장국, 떡, 조과, 생과, 식혜, 수정과 등이 올려진다.

(6) 혼례상(婚禮床)

혼례상은 교배상(交拜床)이라고도 하며 신랑ㆍ신부가 혼례식을 올릴 때 절하는 상으로, 대청이나 뜰에 병풍을 남북으로 친 다음 동서로 놓는 것이 예법이다. 먹는 음식으로는 떡과 과일류 외에는 차리지 않고 쌀, 팥, 콩 등의 곡물과 대나무, 소나무를 놓는다. 잔치에 온 손님들에게는 장국상을 대접하고 혼례식이 끝나면 신부집에서 신랑에게 신랑상을 차려주는데, 떡ㆍ각색 조과ㆍ각색 과일과 어육 등을 높이 괴어서 상의 앞쪽에 색을 맞추어 큰 상을 차린다. 또한, 신부가 신랑집에 가면 신랑상과 마찬가지의 큰 상을 차려준다. 큰 상을 차릴 때는 당사자들 앞에 각각 먹을 수 있는 면상을 차리는데, 이를 입매상이라고 한다.

(7) 폐백상(幣帛床)

혼례를 치른 후 신부가 시부모님과 시댁 어른들께 첫 인사를 드리는 예의를 폐백이라 하는데 이때에 장만하는 음식류는 각 지방이나 가정에 따라서 풍습이 다르다. 대개 서울에서는 편포나 육포와 대추를 마련하고 술을 올리며, 지방에서는 육포나 산적 대신에 폐백닭을 올린다.

(8) 제상(祭床)

제상은 제사를 모실 때 차리는 상을 말하는데 돌아가신 분의 기일에는 제사를 지내고, 정월 초하루와 추석에는 차례를 지내면서 선조의 은덕을 기리고 추모한다. 차례상과 제상에 차리는 제물은 정월에는 떡국을 차리고, 추석에는 토란탕과 송편 등을 차린다. 일반적으로 차리는 제물은 주(酒), 과(果), 포(脯)가 기본이다.

한국음식의 기본

한국의 절식(節食)과 시식(時食) 풍속

월	명절 및 절후명	음식의 종류
1월	설날	떡국, 만두, 편육, 전유어, 육회, 느름적, 떡찜, 잡채, 배추김치, 장김치, 약식, 정과, 강정, 식혜, 수정과
	대보름	오곡밥, 김구이, 9가지 묵은 나물, 약식, 유밀과, 원소병, 부럼, 나박김치
2월	중화절	약주, 생실과(밥 · 대추 · 건시), 포(육포 · 어포), 노비송편, 유밀과
3월	삼짇날	약주, 생실과(밥 · 대추 · 건시), 포(육포 · 어포), 절편, 화전(진달래), 조기면, 탕평채, 화면, 진달래화채
4월	초파일 (석가탄신일)	느티떡, 쑥떡, 국화전, 양색주악, 생실과, 화채(가련수정과 · 순채 · 책면), 웅어회 또는 도미회, 미나리강회, 도미찜
5월	단오(오월 오일)	증편, 수리취떡, 생실과, 앵두편, 앵두화채, 제호탕, 준치만두, 준칫국
6월	유두(유월 보름)	편수, 깻국, 어선, 어채, 구절판, 밀쌈, 생실과, 화전(봉선화 · 감꽃잎 · 맨드라미), 복분자화채, 보리수단, 떡수단
7월	칠석(칠월 칠일)	깨찰편, 밀설기, 주악, 규아상, 흰떡국, 깻국탕, 영계찜, 어채, 생실과(참외), 열무김치
	삼복	육개장, 잉어구이, 오이소박이, 증편, 복숭아화채, 구장, 복죽
8월	한가위(팔월 보름)	토란탕, 가리찜(닭찜), 송이산적, 잡채, 햅쌀밥, 나물, 생실과, 송편, 밤단자, 배화채, 배숙
9월	중양절(구월 구일)	감국전, 밤단자, 화채(유자 · 배), 생실과, 국화주
10월	무오일	무시루떡, 감국전, 무오병, 유자화채, 생실과
11월	동지	팥죽, 동치미, 생실과, 경단, 식혜, 수정과, 전약
12월	그믐	골무병, 주악, 정과, 잡과, 식혜, 수정과, 떡국 · 만두, 골동반, 완자탕, 갖은 전골, 장김치

양념과 고명

1. 양념

'양념'은 한자로 약념(藥念)으로 표기하는데 '먹어서 몸에 약처럼 이롭기를 바라는 마음으로 여러 가지를 고루 넣어 만든다'는 뜻이 깃들어 있다.

조미료의 기본 양념은 짠맛, 단맛, 신맛, 매운맛, 쓴맛의 5가지 기본 맛을 내는 것이다. 향신료는 그 자체가 좋은 향기를 내거나 매운맛, 쓴맛, 고소한 맛을 내는 것들이다. 한국음식의 조미료에는 소금 · 간장 · 고추장 · 된장 · 식초 · 설탕 등이 있으며, 향신료에는 생강 · 겨자 · 후추 · 고추 · 참기름 · 들기름 · 깨소금 · 파 · 마늘 · 천초 등이 있다.

(1) 소금

- 소금은 음식의 맛을 내는 데 가장 기본적인 조미료로 짠맛을 낸다. 맑은 국은 1% 정도가 알맞고 맛이 진한 토장국이나 찌개는 2% 정도, 찜이나 조림 등의 간은 더욱 강해야 맛있게 느껴진다.
- 소금의 종류로는 호렴, 재렴, 제재염, 식탁염, 맛소금 등이 있다.

(2) 간장 · 된장 · 고추장

- 간장과 된장, 고추장은 콩으로 만든 우리 고유의 발효 식품 중의 하나로 음식의 맛을 내는 중요한 조미료이다.
- 간장의 '간'은 소금의 짠맛을 나타내고 된장의 '된'은 '되직한 것'을 뜻한다.
- 음식에 따라 간장의 종류를 구별해서 써야 하는데 국 · 찌개 · 나물 등에는 청장(국간장)을 쓰고, 조림 · 포 · 초 등의 조리와 육류의 양념은 진간장을 쓴다.
- 메주를 빚어 따뜻한 곳에 말려 두었다가 소금물에 넣어 장을 담가 충분히 장맛이 우러나면 국물만 모아 간장으로 쓰고 건지는 소금으로 간을 하여 된장으로 쓴다.
- 고추장은 메주, 고춧가루, 찹쌀, 엿기름, 소금 등이 원료이다.
- 고추장과 된장은 토장국이나 찌개에 맛을 내고 생채나 숙채, 조림, 구이 등의 조미료로 쓰인다.

(3) 설탕 · 꿀 · 조청

- 설탕은 사탕수수나 사탕무의 즙을 농축시켜 만드는데 순도가 높을수록 단맛이 산뜻해진다. 같은 흰설탕이라도 결정이 큰 것이 순도가 높으므로 산뜻한 단맛이 난다.
- 꿀은 꿀벌이 꽃의 꿀과 꽃가루를 모아서 만든 천연감미료로 단맛이 강하고 흡습성이 있어 음식의 건조를 막아 준다. 과자 · 떡 · 정과 등에 쓰이고 건강보조의 효능이 뛰어나 약재로 많이 쓰인다.
- 조청은 곡류를 엿기름으로 당화시켜 오래 고아서 걸쭉하게 만든 묽은 엿으로 누런색이고 독특한 엿의 향이 있다. 요즈음에는 한과류와 밑반찬용 조림에 많이 쓰인다.

(4) 식초

식초는 음식의 신맛을 내는 조미료이다. 신맛은 식욕을 증가시키고 소화액 분비를 촉진시켜 소화흡수를 돕는다. 한국음식은 대체로 차가운 음식에 식초를 넣는다. 생채와 겨자채, 냉국 등에 넣어 신맛을 낸다. 식초는 채소의 갈변현상을 촉진시키기 때문에 나물이나 채소는 먹기 직전에 무쳐 내야 한다.

(5) 파 · 마늘 · 생강

- 파는 자극성 냄새와 독특한 맛으로 향신료 중에 가장 많이 쓰인다. 파의 종류에는 굵은 파(대파), 실파, 쪽파, 세파 등이 있다. 파의 흰 부분은 다지거나 채 썰어 양념으로 쓰는 것이 적당하고, 파란 부분은 채 썰거나 크게 썰어 찌개나 국에 넣는다. 파의 매운맛을 내는 물질은 가열하면 향미 성분이 부드러워지고 단맛이 강해진다.
- 마늘에는 독특한 향과 맛이 있어 파와 더불어 많이 쓰는 향신료다. 나물이나 김치 또는 양념장 등에 곱게 다져서 쓰고, 동치미나 나박김치에는 채 썰거나 납작하게 썰어 넣는다.
- 생강은 쓴맛과 매운맛을 내며 강한 향을 가지고 있어 어패류나 육류의 비린내를 없애주고 연하게 하는 작용을 한다. 생선이나 육류로 익히는 음식을 조리할 때는 생강을 처음부터 넣는 것보다 재료가 어느 정도 익은 후에 넣는 것이 비린내 제거에 효과적이다. 생강은 음료나 한과를 만들 때도 많이 쓰이며 식욕을 증진시키고 몸을 따뜻하게 하는 작용이 있어 한약재로도 많이 쓰인다.

2. 고명

'고명'이란 음식을 보고 아름답게 느껴 먹고 싶은 마음이 들도록, 음식의 맛보다 모양과 색을 좋게 하기 위해 장식하는 것을 말한다. '웃기' 또는 '꾸미'라고도 한다. 한국음식의 색깔은 오행설(五行說)에 바탕을 두어 붉은색, 녹색, 노란색, 흰색, 검은색의 오색이 기본이다.

붉은색은 다홍고추 · 실고추 · 대추 · 당근 등으로, 녹색은 미나리 · 실파 · 호박 · 오이 등으로, 노란색과 흰색은 달걀의 황백지단으로, 검은색은 석이버섯 · 목이버섯 · 표고버섯 등을 사용한다. 그리고 잣, 은행, 호두 등 견과류와 고기완자 등도 고명으로 많이 쓰인다.

(1) 달걀지단

달걀의 노른자와 흰자를 구분하여 소금간을 하고 약한 불에서 기름 두른 팬에 얇게 펴서 양면을 지져낸 것을 말한다. 채 썬 지단은 나물이나 잡채, 골패형(1cm×4cm)인 직사각형과 완자형인 마름모꼴은 국이나 찜 · 전골 등에 쓰인다.

(2) 미나리 초대

• 미나리줄기를 여러 개 붙여서 앞뒤로 밀가루 계란물을 무쳐 지단과 마찬가지로 팬에 지져낸 것을 말한다.
• 지나치게 오래 지지면 미나리줄기의 갈변현상으로 색이 나쁘다. 완자형이나 골패형으로 썰어 탕, 전골, 신선로 등에 넣는다.

(3) 고기완자

• 대개 쇠고기의 살을 곱게 다져서 양념하여 둥글게 빚는다. 때로는 물기를 짜서 으깬 두부와 섞기도 한다.
• 겉에 밀가루 계란물을 무쳐 팬에서 굴려가며 전체를 지진다. 면이나 전골, 신선로의 고명으로 쓰이고 완자탕의 건지로 쓴다.

(4) 버섯류

- 표고버섯은 물에 불려 부드럽게 만든 다음 기둥을 떼고 얇게 포를 떠서 채 썰거나 골패 모양으로 썰어 사용한다.
- 석이버섯은 뜨거운 물에 불려 양손으로 비벼서 안쪽의 이끼를 말끔히 씻어내고 채 썰어 보쌈김치, 국수, 잡채, 떡 등의 고명으로 쓴다.
- 목이버섯은 찢거나 채 썰어 사용한다.

(5) 홍고추 · 풋고추 · 실고추

- 말리지 않은 고추는 반을 갈라서 씨를 제거하고 채로 썰거나 완자형, 골패형으로 썰어서 웃기로 쓴다.
- 익은 음식의 고명으로 쓸 때는 끓는 물에 살짝 데쳐서 사용한다.
- 실고추는 적당한 길이로 끊어서 쓰도록 하며 나물이나 국수의 고명으로 쓰이고 김치에 많이 쓰인다.

(6) 실깨 · 잣 · 은행 · 호두

- 실깨는 나물, 잡채, 적, 구이 등의 고명으로 뿌린다. 잣은 굵고 통통하고 기름이 겉으로 배지 않아 보송보송한 것이 좋다.
- 잣은 뾰족한 쪽의 고깔을 뗀 다음 통째로 쓰거나 길이로 반을 갈라 비늘잣으로 사용하거나 잣가루로 많이 쓰인다. 통잣은 전골, 탕, 신선로 등의 고명으로 쓰거나 차나 화채에 띄우고, 비늘잣은 만두소나 편, 겨자채 고명으로 쓴다. 잣가루는 회나 적, 구절판 등의 완성된 음식 위에 뿌려 낸다.
- 은행은 딱딱한 껍질을 까 달구어진 팬에 기름을 두르고 굴리면서 볶아 뜨거울 때 마른 종이나 행주 위에 놓고 소금을 약간 뿌린 뒤 비벼 연두색 빛이 돌면 속껍질을 벗긴다. 신선로, 전골, 찜의 고명으로 쓰이며, 볶은 후 소금으로 간을 하여 두세 알씩 꼬치에 꿰어서 마른안주로도 쓴다.
- 호두는 껍질을 벗기고 알이 부서지지 않게 꺼내어, 뜨거운 물에 잠시 불렸다가 꼬치 등 날카로운 것으로 속껍질까지 벗겨 사용한다. 찜, 전골, 신선로 등의 고명으로 쓰인다.

(7) 대추 · 밤

- 대추는 실고추처럼 붉은색 고명으로 쓰이는데 단맛이 있어 어느 음식이나 적합한 것은 아니다. 마른 대추는 돌려 깎기하여 채 썰어 고명으로 쓰거나 돌돌 말아서 화전 등에 꽃 모양으로 쓰기도 한다.
- 밤은 껍질을 깨끗이 벗긴 후 찜에는 통째로 넣고 채로 썰 땐 편이나 떡고물로 하고, 납작하고 얇게 썰어서 보쌈김치, 겨자채, 냉채 등에도 넣는다.

식품의 계량

1. 계량기구

자동 저울	계량컵

• 중량을 측정하며 g, kg으로 나타낸다. • 저울(小) : 100g • 저울(大) : 1kg	• 부피를 측정하며 200cc, 500cc 등 다양한 용량의 컵이 있다. • 재질은 스테인리스, 유리, 파이렉스로 액체 계량에는 투명한 컵의 사용이 편리하다.
계량스푼	온도계

• 조미료의 부피를 측정하며 T.s(Table spoon : 큰술), t.s(tea spoon : 작은술)로 표시한다. • 1cc, 2.5cc, 5cc, 15cc의 4가지로 구성된 것, 2.5cc, 5cc, 15cc의 3가지로 구성된 것, 5cc, 15cc의 2가지로 구성된 것이 있다.	• 액체(기름, 당액) 온도를 재는 데 사용하는 200~300℃의 봉상 액체 온도계와 오븐에 육류를 구울 때 사용하는 온도 지시계가 있다. • 열의 강도는 온도계로 측정을 하며 섭씨 ℃ (Centigrade)와 화씨 °F(Fahrenheit) 온도계가 가장 흔히 사용된다.

※ 섭씨와 화씨의 구분
- 섭씨 : 물의 끓는점을 100℃로 하고 어는점을 0℃로 하여 그 사이를 100등분한 것을 말한다.
- 화씨 : 끓는점을 212°F, 어는점을 32°F로 하여 그 사이를 180등분한 것을 말한다 (미국, 유럽에서 많이 사용).

※ 섭씨와 화씨의 상호환산법
- 섭씨를 화씨로 고치는 공식
  $°F = 9/5 ℃ + 32$
  $= (1.8 × ℃) + 32$
- 화씨를 섭씨로 고치는 공식
  $℃ = 5/9(°F - 32)$
  $= (°F - 32) ÷ 1.8$

조리용 시계	
	알맞게 조리하는 데 필요한 시간을 측정하는 것으로 스톱워치(단시간용), 타이머 시계(장시간용), 초침 붙은 시계(단시간용) 등이 있다.

2. 계량단위

- 1갤런(Gallon = gal) = 4쿼트(Quart = qt) = 16컵(Cup = C)
- 1쿼트(Quart = qt) = 4컵(Cup = C) = 2파인트(Pint = pt)
- 1C = 200mL(200cc) = 13⅓Table spoon(한국)
- 1C = 240mL(240cc) = 16Table spoon(미국)
- 1큰술(Table spoon = T.s) = 3작은술(tea spoon = t.s)
- 1Ts = 15mL(15cc)
- 1ts = 5mL(5cc)
- 1kg(킬로그램) = 2.2lb(파운드 = pound)
- 1oz(온스 = ounce) = 28.4g
- 1lb = 453.6g = 16oz
- 1mL(밀리리터) = 1cc
- 1dL(데시리터) = 100cc
- 1L(리터) = 1,000cc

3. 계량환산표

재료	1컵(200cc)	1큰술(15cc)	1작은술(5cc)
물, 청주	200g	15g	5g
소금	210g	15g	5g
간장	230g	17g	5.7g
식용유	185g	11.5g	3.5g
흰설탕	170g	11.5g	3.5g
식초	200g	15g	5g
후추	100g	8g	3g
후춧가루	190g	12g	4g
겨잣가루	80g	6g	2g
레몬즙	200g	15g	5g
계핏가루	80g	6g	2g

4. 계량방법

구분	측정방법
액체 상태의 것(우유, 물, 식초, 간장, 기름, 술, 음료 등)	유리와 같은 투명한 계량컵이 사용하기 편하며 계기에 충만하게 담아서 계량하는데 눈금과 액체 표면(Meniscus)의 아랫부분을 눈과 같은 높이로 맞추어 읽는다.
지방(버터, 라드, 마가린, 쇼트닝)	저울로 계량하는 것이 바람직하나 컵이나 스푼으로 계량할 때 실온에서 꼭꼭 눌러 담은 후 칼등이나 스패튤러로 윗면을 수평이 되도록 하여 계량한다. 또는 녹여서 액체 상태로 하여 계량하기도 한다.
된장, 고추장, 다진 고기	빈 공간이 없도록 채워서 윗면을 수평이 되도록 깎아서 잰다.
입자가 작은 재료 (밀가루, 쌀가루, 흰설탕)	측정 직전에 반드시 체에 쳐서 덩어리가 없는 상태로 누르지 말고 계량 용기에 수북이 담아 직선으로 된 칼등이나 스패튤러로 평면을 깎아 잰다. ※ Sifted Flour는 체에 친 밀가루이므로 체에 치지 않아도 된다. ※ 전분은 체에 치지 않아도 되나, 만약 덩어리가 있는 경우에는 체에 쳐서 잰다.
흑설탕	거꾸로 쏟았을 때 완전한 컵 모양을 형성할 만큼 단단하게 눌러 담은 후 수평으로 깎아서 계량한다.
입자형 식품(쌀, 팥, 깨)	컵에 가득히 담아 살짝 흔들어 윗면을 수평이 되도록 깎아서 잰다.

한국음식의 기본

재료의 기본 썰기

통썰기(원형썰기)	반달썰기	은행잎 썰기
조림, 국, 절임	찜	조림, 찌개
오이, 당근, 연근 등 단면이 둥근 채소는 평행으로 놓고 위에서부터 눌러 써는 방법으로 두께는 재료와 요리에 따라 다르게 조절한다.	무, 고구마, 감자 등 통으로 썰기에 너무 큰 재료들은 길이로 반을 가른 후 썰어 반달 모양이 되게 한다.	감자, 무, 당근 등의 재료를 길게 십자로 4등분한 다음 고르게 은행잎 모양으로 썬다.

얄팍썰기	어슷썰기	골패썰기
무침, 볶음	조림	신선로, 볶음
재료를 원하는 길이로 토막 낸 다음 고른 두께로 얇게 썰거나 재료를 있는 그대로 얄팍하게 썬다.	오이, 당근, 파 등 가늘고 길쭉한 재료를 칼을 옆으로 비껴 적당한 두께로 어슷하게 써는 것으로 썰어진 단면이 넓어 맛이 스며들기 쉽다.	둥근 재료를 토막 낸 다음 네모지게 가장자리를 잘라내고 직사각형으로 얇게 썬다.

나박썰기	토막썰기	마름모형 썰기
김치, 국	볶음, 무침, 적, 김치, 국, 찌개	찜, 조림 등의 고명
무처럼 둥근 것을 2~3cm 두께로 썬 후 세로로 얇박하게 나박나박 썬다.	파, 미나리 등 가는 줄기의 것들을 적당한 길이로 끊는 듯이 썬다.	일정한 간격으로 길게 썬 후 칼을 사선으로 어슷하게 놓고 썬다.

깍둑썰기	채썰기	다져썰기
깍두기, 조림, 찌개	생채, 무침, 볶음, 회에 곁들이는 채소	양념(파, 마늘, 생강, 양파)
무, 감자, 두부 등을 막대썰기한 다음 주사위처럼 썬다.	얄팍썰기한 것을 비스듬히 포개어 놓고 손으로 가볍게 누르면서 가늘게 썬다.	채 썬 것을 가지런히 모아 잡은 다음 직각으로 잘게 썬다.

막대썰기	마구썰기	저며썰기
무, 오이장과	단단한 채소류 조림	생선전, 너비아니구이
재료를 원하는 길이로 토막 낸 다음 알맞은 굵기의 막대 모양으로 썬다.	오이, 당근 등 가늘고 긴 재료를 한손으로 빙빙 돌려가며 한입 크기로 각이 지게 썬다.	고기, 생선, 표고버섯 등을 얇고 넓적하게 썰 때 도마에 놓고 윗부분을 눌러 잡고 칼을 옆으로 뉘어서 포 뜨듯이 썬다.

밤톨썰기 및 삼각썰기	돌려 깎아썰기
찜, 조림	볶음
• 밤톨썰기 : 감자나 당근처럼 단단한 채소를 적당한 크기로 자른 후 가장자리를 모나지 않게 다듬어 밤톨 모양으로 만든다. • 삼각썰기 : 삼각형 모양으로 자른 후, 가장자리를 살짝 다듬는다.	호박, 오이 등 중앙에 씨가 있는 채소의 껍질에 칼집을 넣고 돌려 깎은 후 용도에 맞게 썬다.

23

합격을 위한 선택!

시대에듀와 함께하는 무료 동영상 강의 수강방법
1. **www.sdedu.co.kr** 접속 → 회원가입 → 로그인
2. **무료강의** → 자격증/면허증 → 기능사/(산업)기사 → 조리기능사 카테고리 클릭
3. 신청하기 클릭 후 원하는 강의 수강

[수험자 유의사항]

1. 만드는 순서에 유의하며, 위생과 숙련된 기능평가를 위하여 조리작업 시 맛을 보지 않습니다.
2. 지정된 수험자지참준비물 이외의 조리기구나 재료를 시험장 내에 지참할 수 없습니다.
3. 지급재료는 시험 전 확인하여 이상이 있을 경우 시험위원으로부터 조치를 받고 시험 중에는 재료의
   교환 및 추가지급은 하지 않습니다.
4. 요구사항 및 지급재료의 규격은 "정도"의 의미를 포함하며, 재료의 크기에 따라 가감하여 채점됩니다.
5. 위생복, 위생모, 앞치마, 마스크를 착용하여야 하며, 시험장비 · 조리기구 취급 등 안전에 유의합니다.
6. 다음 사항은 실격에 해당하여 채점 대상에서 제외됩니다.
   ① 수험자 본인이 시험 도중 시험에 대한 포기 의사를 표현하는 경우
   ② 위생복, 위생모, 앞치마, 마스크를 착용하지 않은 경우
   ③ 시험시간 내에 과제 두 가지를 제출하지 못한 경우
   ④ 문제의 요구사항대로 과제의 수량이 만들어지지 않은 경우
   ⑤ 완성품을 요구사항의 과제(요리)가 아닌 다른 요리(예: 달걀말이 → 달걀찜)로 만든 경우
   ⑥ 불을 사용하여 만든 조리작품이 작품특성에 벗어나는 정도로 타거나 익지 않은 경우
   ⑦ 해당 과제의 지급재료 이외 재료를 사용하거나, 요구사항의 조리기구(석쇠 등)로 완성품을 조리하
     지 않은 경우
   ⑧ 지정된 수험자지참준비물 이외의 조리기술에 영향을 줄 수 있는 기구를 사용한 경우
   ⑨ 가스레인지 화구 2개 이상(2개 포함) 사용한 경우
   ⑩ 시험 중 시설 · 장비(칼, 가스레인지 등) 사용 시 시험위원 및 타수험자의 시험 진행에 위해를 일으
     킬 것으로 시험위원 전원이 합의하여 판단한 경우
   ⑪ 요구사항에 표시된 실격 및 부정행위에 해당하는 경우
7. 항목별 배점은 위생상태 및 안전관리 5점, 조리기술 30점, 작품의 평가 15점입니다.
8. 시험시작 전 가벼운 몸 풀기(스트레칭) 동작으로 긴장을 풀고 시험을 시작합니다.

한식조리기능사 실기 과제

콩나물밥

요구사항

주어진 재료를 사용하여 다음과 같이
콩나물밥을 만드시오.

1. 콩나물은 꼬리를 다듬고 소고기는
   채 썰어 간장양념을 하시오.
2. 밥을 지어 전량 제출하시오.

지급 재료

(30분 정도)불린 쌀 150g, 콩나물 60g, 소고기(살코기) 30g,
대파(흰 부분, 4cm) 1/2토막, 마늘 1쪽, 참기름 5mL, 진간장 5mL

소고기 양념

간장 1/3작은술, 다진 파 · 마늘,
참기름 약간

만들어 볼까요?

1. 쌀은 깨끗이 씻어 불린 뒤 물기를 빼서 준비한다.

2. 콩나물은 깨끗이 꼬리를 다듬고 씻어 물기를 뺀다.

3. 파, 마늘은 곱게 다진다.

4. 소고기는 핏물을 빼고, 채 썰어 양념한다.

5. 불린 쌀에 동량의 물을 붓고 콩나물과 양념한 소고기를 얹은 다음 밥을 짓는다.

6. 충분히 뜸을 들인 후 고루 섞어서 그릇에 담는다.

▲ 콩나물을 씻어 꼬리 다듬기

▲ 핏물 뺀 소고기 채 썰기

▲ 콩나물과 소고기 얹어 밥짓기

▲ 그릇에 담기

합격 Point!

1. 밥물은 불린 쌀 3/4컵일 때 물 1컵을 부어 짓는다(쌀 양이 적어 증발되는 수증기량이 많다).
2. 밥을 짓는 도중에 뚜껑을 자주 열면 콩나물 비린내가 남으므로 주의하고 뜸을 충분히 들인다.

비빔밥

요구사항

주어진 재료를 사용하여 다음과 같이
비빔밥을 만드시오.

1. 채소, 소고기, 황·백지단의 크기는
   0.3cm×0.3cm×5cm로 써시오.
2. 호박은 돌려깎기하여 0.3cm×
   0.3cm×5cm로 써시오.
3. 청포묵의 크기는 0.5cm×0.5cm×
   5cm로 써시오.
4. 소고기는 고추장 볶음과 고명에 사
   용하시오.
5. 담은 밥 위에 준비된 재료들을 색
   맞추어 돌려 담으시오.
6. 볶은 고추장은 완성된 밥 위에 얹
   어 내시오.

지급 재료

(30분 정도)불린 쌀 150g, 애호박(6cm) 60g, 도라지(찢은 것) 20g,
고사리(불린 것) 30g, 청포묵(6cm) 40g, 소고기 30g, 건다시마(5cm×5cm) 1장,
달걀 1개, 고추장 40g, 식용유 30mL, 대파(흰 부분, 4cm) 1토막, 마늘 2쪽,
진간장 15mL, 흰설탕 15g, 깨소금 5g, 검은 후춧가루 1g, 참기름 5mL, 소금 10g

약고추장

고추장 1큰술, 설탕 2/3큰술,
다져 양념한 고기 10g, 참기름 약간

양념(소고기, 고사리)

간장 1큰술, 설탕 1작은술,
다진 대파·마늘 1작은술,
후추·깨소금·참기름 약간

만들어 볼까요?

1. 불린 쌀에 분량의 밥물을 부어 밥을 고슬고슬하게 지어 놓는다.

2. 애호박은 돌려깎기하여 0.3cm × 0.3cm × 5cm로 채 썰어 소금에 절여 물기를 짜 둔다. 도라지도 같은 크기로 채 썰어 소금을 뿌려 주물러서 씻어 쓴맛을 뺀다.

3. 파, 마늘은 곱게 다진다.

4. 소고기 일부는 채 썰어 양념하고 나머지는 다져서 양념하여 볶은 고추장으로 사용한다.

5. 고사리의 딱딱한 줄기는 잘라내고 5cm 길이로 잘라 양념해 둔다.

6. 청포묵은 0.5cm × 0.5cm × 5cm로 채 썰어 끓는 물에 데치고 찬물을 끼얹어 물기를 뺀 후 참기름으로 무쳐 둔다.

7. 달걀은 황·백으로 나누어 약간의 소금을 넣고 지단을 부쳐 5cm 길이로 채 썬다.

8. 팬에 기름을 두르고 도라지, 애호박, 고사리, 소고기 순으로 볶는다.

9. 팬에 양념한 다진 소고기를 볶다가 고추장, 설탕, 참기름을 넣어 부드럽게 볶아서 볶은 고추장을 만든다.

10. 다시마는 기름에 튀겨서 잘게 부순다.

11. 밥 위에 준비한 재료를 색 맞추어 돌려 담은 뒤 볶은 고추장, 튀긴 다시마를 얹어 낸다.

▲ 재료 준비하기

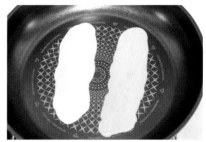

▲ 지단 부치기

▲ 약고추장 만들기

▲ 밥에 준비한 재료 얹기

합격 Point!

1. 쌀과 물의 비율은 1 : 1.2배로 해 준다(쌀 양이 적어 냄비에서 증발되는 수증기량이 많기 때문이다).
2. 밥이 잘 퍼질 수 있게 충분히 뜸을 들인다.
3. 볶은 고추장은 고추장에 물을 넣지 않아도 된다(농도가 묽으면 밥 위에 흘러내리기 때문이다).
4. 나물은 가장자리에 밥이 보이도록 색 맞춰 보기 좋게 담는다.

장국죽

요구사항

주어진 재료를 사용하여 다음과 같이 장국죽을 만드시오.

1. 불린 쌀을 반 정도로 싸라기를 만들어 죽을 쑤시오.
2. 소고기는 다지고 불린 표고는 3cm 의 길이로 채 써시오.

지급 재료

(30분 정도)불린 쌀 100g, 소고기 20g, 건표고버섯(지름 5cm, 불린 것, 부서지지 않은 것) 1개, 대파(흰 부분, 4cm) 1토막, 마늘 1쪽, 진간장 10mL, 국간장 10mL, 깨소금 5g, 검은 후춧가루 1g, 참기름 10mL

소고기 양념

간장 1작은술, 다진 대파 1/3작은술, 다진 마늘 1/4작은술, 후추 · 깨소금 · 참기름 약간

표고 양념

간장 · 참기름 약간

만들어 볼까요?

1. 쌀은 씻어 불려 건져 싸라기 정도로 부순다.

2. 파, 마늘은 곱게 다져 둔다.

3. 소고기는 다지고, 불린 표고버섯은 기둥을 떼고 3cm 길이로 채 썰어 양념한다.

4. 냄비에 참기름을 두르고 소고기, 표고버섯 순으로 넣고 볶다가 쌀을 넣어 볶는다.

5. 쌀 분량(1/2컵)의 6배(3컵)의 물을 붓고 처음에는 센 불에서 끓이다가 불을 낮추어 쌀이 퍼질 때까지 눌어붙지 않도록 가끔씩 나무주걱으로 저으면서 끓인다.

6. 죽이 잘 퍼지면 국간장으로 색과 간을 맞추어 마무리한다.

▲ 쌀을 불려 부수기

▲ 재료 준비하기

▲ 소고기와 버섯, 쌀 볶기

▲ 죽 재료를 어우러지게 끓이기

1. 죽을 끓일 때 바닥에 눌어붙지 않도록 주걱으로 저으면서 끓인다.
2. 죽을 미리 끓여 놓으면 되직하게 되므로 그릇에 담기 직전에 농도를 맞춘다.
3. 간은 내기 직전에 맞춘다.

두부젓국찌개

요구사항

주어진 재료를 사용하여 다음과 같이
두부젓국찌개를 만드시오.

1. 두부는 2cm×3cm×1cm로 써시오.
2. 홍고추는 0.5cm×3cm, 실파는
   3cm 길이로 써시오.
3. 소금과 다진 새우젓의 국물로 간하
   고, 국물을 맑게 만드시오.
4. 찌개의 국물은 200mL 이상 제출하
   시오.

※ 요구사항에 mL수가 제시된 경우
   내는 양에 주의하세요.

지급 재료

두부 100g, 생굴(껍질 벗긴 것) 30g, 실파(1뿌리) 20g, 홍고추 1/2개, 새우젓 10g,
마늘 1쪽, 참기름 5mL, 소금 5g

만들어 볼까요?

1. 냄비에 물 1.5~2컵 정도를 올려 끓인다.

2. 굴은 연한 소금물에 흔들어 씻은 다음 굴껍질을 골라 건져 놓는다.

3. 두부는 폭과 길이 2cm × 3cm, 두께 1cm로 썬다. 실파는 3cm 길이로 썰고 홍고추는 씨를 제거하여 0.5cm × 3cm의 크기로 썬다(통 썰기 하지 않는다).

4. 마늘은 곱게 다지고, 새우젓은 건더기를 곱게 다져 면보에 짜서 국물만 사용한다.

5. 끓는 물에 두부를 먼저 넣고 잠깐 더 끓인 후 굴, 다진 마늘, 홍고추, 실파를 넣고 끓인다.

6. 마지막에 새우젓 국물과 소금을 살짝 넣어 간을 맞춘 다음 불을 끄고 참기름을 떨어뜨려 그릇에 담아낸다.

▲ 재료 준비하기

▲ 두부 넣고 끓이기

▲ 굴, 다진 마늘 넣고 끓이기

▲ 거품 걷어내기

1. 굴을 넣고 오래 끓이면 국물이 탁해지므로 오래 끓이지 않는다.
2. 홍고추를 먼저 넣고 끓이면 붉은색이 우러날 수 있으므로 마지막에 넣고 잠깐 끓인다.
3. 끓이는 동안 거품을 제거해야 국물이 맑게 나온다.
4. 새우젓 국물을 많이 넣을 경우 짤 수 있으므로 소금 간에 유의한다.
5. 찌개이므로 국물과 건더기의 비율이 1 : 2가 되도록 한다.

생선찌개

요구사항

주어진 재료를 사용하여 다음과 같이 생선찌개를 만드시오.

1. 생선은 4~5cm의 토막으로 자르시오.
2. 무, 두부는 2.5cm×3.5cm×0.8cm 로 써시오.
3. 호박은 0.5cm 반달형, 고추는 통 어 슷썰기, 쑥갓과 파는 4cm로 써시오.
4. 고추장, 고춧가루를 사용하여 만드 시오.
5. 각 재료는 익는 순서에 따라 조리 하고, 생선살이 부서지지 않도록 하시오.
6. 생선머리를 포함하여 전량 제출하 시오.

지급 재료

동태(300g) 1마리, 무 60g, 애호박 30g, 쑥갓 10g, 두부 60g, 실파(2뿌리) 40g, 풋고추(5cm 이상) 1개, 홍고추(생) 1개, 마늘 2쪽, 생강 10g, 고추장 30g, 소금 10g, 고춧가루 10g

생선찌개 양념

고추장 1.5큰술, 고춧가루 1큰술, 마늘 1작은술, 생강 1/2작은술, 소금 1작은술, 물 3컵 정도

만들어 볼까요?

1. 생선은 지느러미와 비늘을 제거한 후 내장의 먹는 부분을 골라낸다. 아가미, 쓸개는 제거한다. 생선은 머리를 포함해서 5~6cm 정도로 토막을 낸다.

2. 무, 두부는 가로 2.5cm, 세로 3.5cm, 두께 0.8cm 크기로 썰고 호박은 0.5cm 두께로 반달형으로 썬다. 쑥갓과 파는 4cm 길이로 자르고 풋고추, 홍고추는 통으로 0.5cm 두께로 어슷하게 썰어 물에 담가 씨를 제거해 놓는다.

3. 마늘, 생강은 다진다.

4. 냄비에 물을 끓이다가 고추장을 풀고 손질해 놓은 무를 넣어 끓인다.

5. 무가 반쯤 익으면 생선을 넣어 끓인다.

6. 끓어오르면 호박, 두부, 다진 마늘·생강, 풋고추, 홍고추, 실파를 넣고 고춧가루와 소금으로 간을 맞춘다.

7. 거품을 걷어 내면서 끓이다가 충분히 생선맛이 우러나면 쑥갓을 살짝만 넣었다 빼고 불을 끈다.

8. 그릇에 재료를 담고 쑥갓을 위에 올려 모양내어 담아낸다.

▲ 생선 토막내기

▲ 재료 준비하기

▲ 호박, 두부 등 넣기

▲ 거품 걷어내며 끓이기

1. 고추장과 고춧가루를 적절히 사용하여 색을 내 준다.
2. 생선찌개를 끓일 때 단단한 재료부터 순서대로 넣는다.
3. 찌개의 거품을 제거하면서 끓여야 국물이 맑게 나온다.
4. 생선 손질 시 머리 부분에서 주둥이 부분은 잘라낸다.
5. 고추장의 양이 제시되었으므로 고추장의 양을 고려하여 물을 3컵 정도로 맞추어 넣는다(찌개의 색을 잘 내기 위해서이다).

완자탕

시험시간
30분

요구사항

주어진 재료를 사용하여 다음과 같이 완자탕을 만드시오.

1. 완자는 지름 3cm로 6개를 만들고, 국 국물의 양은 200mL 이상 제출하시오.
2. 달걀은 지단과 완자용으로 사용하시오.
3. 고명으로 황·백지단(마름모꼴)을 각 2개씩 띄우시오.

※ 요구사항에 mL수가 제시된 경우 내는 양에 주의하세요.

지급 재료

소고기(살코기) 50g, 소고기(사태부위) 20g, 달걀 1개, 밀가루(중력분) 10g, 두부 15g, 소금 10g, 대파(흰 부분, 4cm) 1/2토막, 마늘 2쪽, 깨소금 5g, 검은 후춧가루 2g, 참기름 5mL, 흰설탕 5g, 식용유 20mL, 국간장 5mL, 키친타월(소 18×20cm) 1장

완자양념

다진 마늘·파 약간, 깨소금·후추·참기름·설탕·소금 약간

만들어 볼까요?

1. 소고기 사태는 육수를 내고 살코기는 곱게 다진다.

2. 두부는 물기를 짜서 곱게 으깬 후 다진 소고기와 소금, 설탕, 후추, 다진 파 · 마늘, 참기름, 깨소금으로 양념하여 직경이 3cm인 완자를 6개 만든다.

3. 달걀을 노른자와 흰자로 분리하여 약간의 소금을 넣고 지단을 만들어 마름모꼴로 썬다.

4. 완자는 밀가루와 달걀물을 골고루 묻힌 다음 기름 두른 팬에 굴려가며 익힌다.

5. 육수에 간장과 소금으로 간을 맞추고 끓으면 완자를 넣어 잠시 끓이다가 그릇에 담고 황 · 백지단을 띄워 제출한다.

▲ 소고기 사태로 육수 내기

▲ 완자 빚기

▲ 완자를 팬에서 익히기

▲ 육수에 완자를 넣어 잠깐 끓이기

합격 Point!

1. 완자는 각 재료의 물기를 많이 제거하고 소고기를 곱게 다지고 반죽을 많이 치대어야 팬에서 굴려가며 익힐 때 모양이 예쁘게 나온다.

2. 익혀낸 완자를 종이 위에 올려 기름기를 제거해야 육수에 기름이 뜨지 않는다.

3. 너무 센 불에서 오래 끓이면 육수가 탁해지고 완자 모양이 흐트러진다.

4. 주어진 1개의 달걀 중 1/3은 황 · 백지단을 부치는 데 사용하고 2/3는 완자의 달걀물로 사용한다.

육원전

요구사항

주어진 재료를 사용하여 다음과 같이
육원전을 만드시오.

1. 육원전은 지름 4cm, 두께 0.7cm가
   되도록 하시오.
2. 달걀은 흰자, 노른자를 혼합하여 사
   용하시오.
3. 육원전 6개를 제출하시오.

지급 재료

소고기(살코기) 70g, 두부 30g, 밀가루(중력분) 20g, 달걀 1개,
대파(흰 부분, 4cm) 1토막, 검은 후춧가루 2g, 참기름 5mL, 소금 5g, 마늘 1쪽,
식용유 30mL, 깨소금 5g, 흰설탕 5g

육원전 양념

다진 파 · 마늘 1/4작은술, 소금 ·
설탕 · 깨소금 · 후추 · 참기름 약간

만들어 볼까요?

1. 소고기는 기름기를 제거하여 곱게 다지고, 두부도 면보에 짜서 칼등으로 곱게 으깬다.

2. 파, 마늘을 곱게 다진다.

3. 소고기와 두부에 양념을 넣고 고루 섞어 끈기가 나도록 치댄 후 지름 4.5cm 정도로 동글납작하게 빚는다.

4. 달걀은 소금을 약간 넣어 잘 풀은 뒤 체에 내린다.

5. 완자에 밀가루를 고루 묻히고 달걀을 푼 물에 담갔다가 팬에 기름을 약간 두르고 약한 불에서 지져낸다.

▲ 재료를 다져 양념하기

▲ 육원전 만들기

▲ 밀가루 묻히기

▲ 팬에서 지져내기

합격 Point!

1. 소고기는 곱게 다지고 두부는 잘 으깨어 끈기가 나도록 치대야 가장자리가 갈라지지 않고 익혔을 때 표면도 매끄럽다.
2. 전은 지질 때 자주 뒤집지 않고 먼저 익혔던 부분을 위로 해서 제시한다(한 번만 뒤집어 충분히 익힌다).
3. 익히면 크기는 줄고 두께는 두꺼워지므로 크기는 요구사항보다 크게 만든다.
4. 완자의 가장자리는 팬에 굴려가며 익힌다.

표고전

요구사항

주어진 재료를 사용하여 다음과 같이
표고전을 만드시오.

1. 표고버섯과 속은 각각 양념하여 사
   용하시오.
2. 표고전은 5개를 제출하시오.

지급 재료

건표고버섯(지름 2.5~4cm) 5개, 소고기(살코기) 30g, 두부 15g, 밀가루(중력분) 20g,
달걀 1개, 대파(흰 부분, 4cm) 1토막, 검은 후춧가루 1g, 참기름 5mL, 소금 5g,
깨소금 5g, 마늘 1쪽, 식용유 20mL, 진간장 5mL, 흰설탕 5g

고기소 양념

다진 파 · 마늘 1/4작은술, 소금 ·
설탕 · 깨소금 · 후추 · 참기름 약간

표고버섯 밑간

간장 · 참기름 · 설탕 약간

만들어 볼까요?

1. 소고기는 핏물을 제거한 후 곱게 다지고, 물기를 꼭 짠 두부도 으깬다.

2. 파, 마늘은 곱게 다진다.

3. 소고기와 으깬 두부를 합하여 다진 파, 마늘 등 양념을 넣어 골고루 치댄다.

4. 불린 표고버섯은 기둥을 떼고 물기를 짜서 안쪽에 양념한다.

5. 표고 안쪽에 밀가루를 묻히고 양념한 고기소를 편편하게 채운다.

6. 달걀은 노른자에 흰자를 1~2큰술 정도 섞어 소금을 약간 넣어 잘 풀은 후 체에 내린다.

7. 소가 들어간 쪽만 밀가루를 바르고 달걀 푼 물에 묻혀 기름에 지지고 뒤집어 살짝 지진다.

▲ 표고버섯 간하기

▲ 표고 안쪽에 소 채우기

▲ 팬에서 지지기

▲ 그릇에 담기

1. 고기소를 편편하게 채워야 달걀물을 골고루 지질 수 있다.
2. 표고버섯은 기둥을 떼고 물기를 꼭 짜서 밑간해야 지질 때 물이 덜 생긴다.
3. 전의 색을 살리기 위하여 흰자는 적당히 사용한다(고추전, 표고전, 육원전, 생선전).

풋고추전

요구사항

주어진 재료를 사용하여 다음과 같이 풋고추전을 만드시오.

1. 풋고추는 5cm 길이로, 소를 넣어 지져 내시오.
2. 풋고추는 잘라 데쳐서 사용하며, 완성된 풋고추전은 8개를 제출하시오.

지급 재료

풋고추(길이 11cm 이상) 2개, 소고기(살코기) 30g, 두부 15g, 밀가루(중력분) 15g, 달걀 1개, 대파(흰 부분, 4cm) 1토막, 검은 후춧가루 1g, 참기름 5mL, 소금 5g, 깨소금 5g, 식용유 20mL, 흰설탕 5g, 마늘 1쪽

고기소 양념

다진 파 · 마늘 1/4작은술, 설탕 · 소금 · 후추 · 깨소금 · 참기름 약간

만들어 볼까요?

1. 풋고추는 반으로 갈라 씨를 발라내고 5cm 길이로 잘라서 끓는 소금 물에 데쳐 찬물에 식히고 파, 마늘을 곱게 다진다.

2. 소고기는 핏물을 제거하여 곱게 다지고, 두부는 물기를 꼭 짜서 칼등 으로 으깬다.

3. 다진 소고기에 으깬 두부를 넣고 소금, 설탕, 다진 파 · 마늘, 깨소금, 후춧가루, 참기름을 넣어 고루 양념하여 끈기나도록 치댄다.

4. 풋고추 안쪽에 밀가루를 묻히고 고기소를 편편하게 채워 놓는다.

5. 달걀은 노른자에 흰자를 1~2큰술 정도 넣고 소금을 넣어 잘 풀어 체 에 내리고 소 넣은 쪽만 밀가루와 달걀물을 묻힌다.

6. 기름 두른 팬에 소가 있는 쪽만 약한 불로 노릇하게 지져 완성 그릇 에 담아낸다.

▲ 재료를 다져 양념하기

▲ 고추를 끓는 소금물에 데치기

▲ 풋고추 안쪽에 소 채우기

▲ 팬에 기름을 두르고 지지기

1. 고추 길이가 10cm가 넘을 때는 양끝을 자르지 말고 고추의 중간 부분을 제거해 크기를 조절한다.

2. 소고기와 두부를 곱게 다져 끈기있게 쳐주어 소를 채워 지지면 고추전의 표면이 매끄럽다.

3. 육원전, 표고전, 고추전, 생선전 등은 전의 색을 좋게 하기 위해 달걀흰자의 양을 줄여 사용한다.

생선전

요구사항

주어진 재료를 사용하여 다음과 같이 생선전을 만드시오.

1. 생선은 세장 뜨기하여 껍질을 벗겨 포를 뜨시오.
2. 생선전은 0.5cm×5cm×4cm로 만드시오.
3. 달걀은 흰자, 노른자를 혼합하여 사용하시오.
4. 생선전은 8개 제출하시오.

지급 재료

동태(400g) 1마리, 소금 10g, 흰 후춧가루 2g, 밀가루(중력분) 30g, 달걀 1개, 식용유 50mL

만들어 볼까요?

1. 생선은 머리, 내장 등을 제거하고 깨끗이 씻은 후 세장 뜨기를 한다.

2. 껍질 쪽을 밑으로 가도록 두고 꼬리 쪽에 칼을 넣어 조금 떠 벗겨진 껍질을 왼손에 잡은 상태에서 칼은 밀고 껍질은 잡아당기며 제거한다.

3. 손질된 생선살은 0.4cm × 5cm × 6cm가 되도록 포를 떠서 소금, 흰 후춧가루로 간한다.

4. 달걀물에 소금을 약간 넣어 잘 풀어 체에 내린다.

5. 생선살의 물기를 마른 면보로 눌러 준 후 밀가루를 고루 묻혀 달걀 푼 물에 담갔다가 기름 두른 팬에서 노릇하게 지져낸다.

▲ 생선 세장 뜨기

▲ 생선 포 뜨고 간하기

▲ 생선전 달걀 푼 물 입혀 지지기

▲ 그릇에 담기

1. 생선살은 요구사항보다 조금 크게 포를 떠서 양끝을 정리해서 지지면 깔끔하다.

2. 생선살이 부서지지 않도록 포를 뜬다.

3. 밀가루는 미리 묻히지 말고 지지기 직전 묻히며 여분의 가루는 털어내고 지져야 전의 표면이 매끄럽고 색이 곱다.

4. 뼈 붙은 쪽을 바닥으로 하여 팬에 굽는 것이 좋다.

너비아니구이

시험시간
25분

요구사항

주어진 재료를 사용하여 다음과 같이 너비아니구이를 만드시오.

1. 완성된 너비아니는 0.5cm×4cm×5cm로 하시오.
2. 석쇠를 사용하여 굽고, 6쪽 제출하시오.
3. 잣가루를 고명으로 얹으시오.

지급 재료

소고기(안심 또는 등심) 100g, 진간장 50mL, 대파(흰 부분, 4cm) 1토막, 흰설탕 10g, 마늘 2쪽, 검은 후춧가루 2g, 깨소금 5g, 참기름 10mL, 배(50g) 1/8개, 식용유 10mL, 잣 5개

양념장

간장 1큰술, 설탕 1큰술, 다진 파 · 마늘, 후추 · 깨소금 · 참기름 약간, 배즙 1큰술

만들어 볼까요?

1. 소고기는 핏물, 기름 등을 제거하고 가로, 세로 5cm × 6cm, 두께 0.4cm 정도로 썰어 칼로 자근자근 두드린다.

2. 파, 마늘은 곱게 다지고, 배는 강판에 갈아서 즙을 내어 양념장을 만든다.

3. 양념장에 고기를 한 장씩 재워 맛이 고루 배도록 재워둔다.

4. 석쇠에 기름을 바르고 달군 뒤 양념장에 재운 고기를 타지 않게 고루 굽는다.

5. 잣은 곱게 다져 보슬보슬하게 만든다.

6. 구운 고기를 완성 접시에 담고 잣가루를 뿌린다.

▲ 고기 손질하기

▲ 배를 강판에 갈아주기

▲ 고기를 양념장에 재워 놓기

▲ 석쇠를 이용하여 굽기

합격 Point!

1. 너비아니는 궁중불고기로 고기 부위는 안심이나 등심 부위를 사용한다.
2. 고기는 자를 때 결의 반대로 잘라야 하나 시험장에서는 주어진 길이를 그대로 사용해 손질한다.
3. 직화로 굽는 구이류의 양념장에 들어가는 재료는 곱게 다지고 적게 사용해야 구울 때 덜 탄다.
4. 고기가 익으면 줄어드는 것을 고려하여 완성된 크기보다 크게 자른다.
5. 배는 강판에 갈아 그 즙만 사용한다.

제육구이

요구사항

주어진 재료를 사용하여 다음과 같이 제육구이를 만드시오.

1. 완성된 제육은 0.4cm×4cm×5cm 로 하시오.
2. 고추장 양념하여 석쇠에 구우시오.
3. 제육구이는 전량 제출하시오.

지급 재료

돼지고기(등심 또는 볼깃살) 150g, 고추장 40g, 흰설탕 15g, 진간장 10mL, 대파(흰 부분, 4cm) 1토막, 마늘 2쪽, 검은 후춧가루 2g, 깨소금 5g, 참기름 5mL, 식용유 10mL, 생강 10g

고추장 양념

고추장 1.5큰술, 설탕 1큰술,
간장 1작은술, 다진 파 · 마늘 1/4작은술,
생강즙 · 후추 · 깨소금 · 참기름 약간

만들어 볼까요?

1. 제육은 핏물, 기름 등을 제거하고 0.4cm × 4.5cm × 5.5cm로 썰어 칼집을 넣어 오그라들지 않게 한다.

▲ 고기를 손질하여 칼집 넣기

2. 파, 마늘, 생강을 곱게 다져 고추장에 간장, 설탕, 후춧가루, 깨소금, 참기름을 넣어 고추장 양념장을 만든다.

3. 제육에 고추장 양념장을 골고루 묻혀 간이 배도록 한다.

▲ 고기에 고추장 양념 묻히기

4. 석쇠에 기름을 발라 달군 후 양념한 고기를 타지 않게 고루 익히면서 굽는다.

▲ 석쇠를 이용하여 굽기

▲ 그릇에 담기

1. 양념장이 되직하면 간장을 약간 넣어 농도를 조절한다.
2. 너무 센불에서 구우면 양념은 타고 속은 익지 않으므로 불 조절을 잘하며 고루 익힌다.
3. 양념한 고기를 구울 때 위치를 바꾸어가며 6쪽을 골고루 익힌다.
4. 고기가 익으면 수축되므로 제시된 크기보다 크게 썬다.

생선양념구이

시험시간 **30분**

요구사항

주어진 재료를 사용하여 다음과 같이 생선양념구이를 만드시오.

1. 생선은 머리와 꼬리를 포함하여 통째로 사용하고 내장은 아가미 쪽으로 제거하시오.
2. 칼집 넣은 생선은 유장으로 초벌구이하고, 고추장 양념으로 석쇠에 구우시오.
3. 생선구이는 머리 왼쪽, 배 앞쪽 방향으로 담아내시오.

지급 재료

조기(100~120g) 1마리, 진간장 20mL, 대파(흰 부분, 4cm) 1토막, 마늘 1쪽, 고추장 40g, 흰설탕 5g, 소금 20g, 깨소금 5g, 참기름 5mL, 검은 후춧가루 2g, 식용유 10mL

유장

참기름 1큰술, 간장 1작은술

고추장 양념

고추장 1큰술, 설탕 2/3큰술, 다진 파 · 마늘 1/2작은술, 간장 · 후추 · 깨소금 · 참기름 약간

만들어 볼까요?

1. 생선은 생선 모양을 살려 아가미와 내장을 깨끗이 제거한 다음 앞뒤로 칼집을 생선 크기에 따라 2~3번 넣어 소금을 약간 뿌려둔다.

2. 생선의 물기를 닦고 유장을 발라서 재워 놓는다.

3. 기름을 바른 석쇠를 잘 달군 후 유장 바른 생선을 애벌구이한다.

4. 파, 마늘을 곱게 다져 고추장 양념을 만든다.

5. 생선살이 거의 익으면 고추장 양념을 발라서 타지 않게 잘 굽는다.

6. 생선을 담을 때 머리는 왼쪽, 꼬리는 오른쪽, 배는 앞쪽으로 오게 담는다.

▲ 내장 제거하기

▲ 유장 처리하기

▲ 애벌구이하기

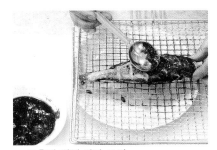

▲ 고추장 양념 발라 굽기

합격
Point!

1. 시험장에서는 주로 작은 조기가 나온다.
2. 생선을 담을 때 방향을 고려한다.
3. 애벌구이에서 생선을 거의 익힌다.
4. 생선의 내장을 완전히 제거하지 않으면 고추장을 발라 구울 때 물이 생긴다.
5. 고추장 농도가 되직하면 물을 약간 넣어 농도를 맞춘다.

북어구이

요구사항

주어진 재료를 사용하여 다음과 같이
북어구이를 만드시오.

1. 구워진 북어의 길이는 5cm로 하시오.
2. 유장으로 초벌구이하고, 고추장 양념으로 석쇠에 구우시오.
3. 완성품은 3개를 제출하시오(단, 세로로 잘라 3/6토막 제출할 경우 수량 부족으로 실격 처리).

지급 재료

북어포(반을 갈라 말린 껍질이 있는 것, 40g) 1마리, 진간장 20mL,
대파(흰 부분, 4cm) 1토막, 마늘 2쪽, 고추장 40g, 흰설탕 10g, 깨소금 5g,
참기름 15mL, 검은 후춧가루 2g, 식용유 10mL

유장

참기름 1큰술, 간장 1작은술

고추장 양념

고추장 2큰술, 설탕 1큰술,
다진 파 · 마늘 약간, 간장 · 후추 ·
깨소금 · 참기름 · 물 약간

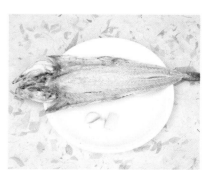

만들어 볼까요?

1. 북어포는 물에 적셔둔다.

2. 부드럽게 불린 북어포는 머리, 꼬리, 지느러미, 잔가시 등을 제거한 후 물기를 눌러 짜서 6cm 길이 3토막으로 자른다.

▲ 불린 북어 3등분하기

3. 껍질 쪽에 칼집을 넣어 오그라들지 않도록 한 다음 앞뒤를 유장에 재운다.

4. 석쇠는 달구어 기름을 바르고 유장에 재운 북어포를 살짝 굽는다.

▲ 유장에 재운 북어 굽기

5. 파, 마늘을 곱게 다져 고추장 양념을 만든다.

6. 북어포에 고추장 양념장을 앞뒤, 단면에 고루 바르고 타지 않게 굽는다.

▲ 고추장 양념 발라 굽기

▲ 그릇에 담기

1. 북어포가 충분히 부드러워졌을 때 조리한다.
2. 북어 껍질에 잔 칼집을 넣어 오그라들지 않게 한다.
3. 불 위에서 오래 익히면 딱딱해진다.
4. 직화구이를 할 경우에는 수분 증발이 일어나기 때문에 고추장 양념에 물을 넣어 농도를 조절하여 완성했을 때 촉촉해 보이도록 한다.

53

더덕구이

시험시간
30분

요구사항

주어진 재료를 사용하여 다음과 같이
더덕구이를 만드시오.

1. 더덕은 껍질을 벗겨 사용하시오.
2. 유장으로 초벌구이하고, 고추장 양념으로 석쇠에 구우시오.
3. 완성품은 전량 제출하시오.

지급 재료

통더덕(껍질 있는 것, 길이 10~15cm) 3개, 진간장 10mL,
대파(흰 부분, 4cm) 1토막, 마늘 1쪽, 고추장 30g, 흰설탕 5g, 깨소금 5g,
참기름 10mL, 소금 10g, 식용유 10mL

유장

참기름 1큰술, 간장 1작은술

고추장 양념

고추장 2큰술, 설탕 1.5큰술,
다진 파 · 마늘 약간,
간장 · 깨소금 · 참기름 약간

만들어 볼까요?

1. 통더덕은 깨끗이 씻어 껍질을 돌려가며 벗긴다.

2. 더덕은 방망이를 이용하여 통이나 반으로 갈라 두드려 소금물에 쓴 맛을 우려낸다.

▲ 더덕 통으로 두드리기

3. 소금물에 담갔던 더덕은 물기를 제거하고 방망이로 자근자근 두들겨 평평하게 펴서 유장을 만들어 바른다.

4. 기름 바른 석쇠를 사용해 유장을 바른 더덕을 굽는다.

▲ 유장 바른 더덕 굽기

5. 파, 마늘을 다져 고추장 양념을 만든다.

6. 애벌 구운 더덕에 고추장 양념을 고루 바르고 석쇠에서 타지 않게 굽는다.

7. 더덕은 길이를 감안하여 적당한 길이로 잘라 전량을 완성 접시에 가지런히 담아낸다.

▲ 고추장 양념 바르기

▲ 고추장 양념한 더덕 굽기

합격 Point!

1. 완성된 더덕구이는 길이를 자르지 않고 위아래 양 끝만 정리해서 제출하여도 된다.

2. 유장은 참기름 대 간장 비율이 3 : 1이다.

3. 더덕에 유장은 조금만 바른다. 유장을 많이 바르면 고추장 흡수도 잘 안 되고 색감도 칙칙해 보인다.

섭산적

요구사항

주어진 재료를 사용하여 다음과 같이
섭산적을 만드시오.

1. 고기와 두부의 비율을 3 : 1로 하
   시오.
2. 다져서 양념한 소고기는 크게 반대
   기를 지어 석쇠에 구우시오.
3. 완성된 섭산적은 0.7cm×2cm×
   2cm로 9개 이상 제출하시오.
4. 잣가루를 고명으로 얹으시오.

지급 재료

소고기(살코기) 80g, 두부 30g, 대파(흰 부분, 4cm) 1토막, 마늘 1쪽, 흰설탕 10g,
소금 5g, 깨소금 5g, 참기름 5mL, 검은 후춧가루 2g, 잣 10개, 식용유 30mL

소고기 양념

소금 1/4작은술, 다진 파 · 마늘
1/4작은술, 설탕 · 후추 · 깨소금 ·
참기름 약간

만들어 볼까요?

1. 소고기는 기름기 없는 우둔살이나 대접살을 준비하여 핏물을 제거한 후 곱게 다진다.

2. 두부는 면보에 물기를 꼭 짠 후 칼등으로 으깨어 고기와 함께 섞고 파, 마늘을 다진다.

3. 소고기와 두부에 다진 파·마늘, 소금, 설탕, 후춧가루, 깨소금, 참기름을 한데 섞어 끈기 있게 고루 치댄다.

4. 양념한 고기를 도마 위에 놓고 두께가 0.7~1cm 정도가 되게 반대기를 지어 가로세로 잔칼집을 넣는다.

5. 석쇠에 기름을 발라 타지 않게 고루 굽는다.

6. 잣은 종이 위에 놓고 잘게 다져 보슬보슬하게 만든다.

7. 구운 섭산적이 식으면 가장자리를 정리하고 2cm × 2cm 크기로 썰어 그릇에 담고 잣가루를 뿌려낸다.

▲ 다진 고기 준비하기

▲ 반대기 지어 잔칼집 넣기

▲ 석쇠를 이용하여 굽기

▲ 그릇에 담고 잣가루 뿌리기

합격 Point!

1. 소고기와 두부는 곱게 다지고 많이 쳐주어 반대기를 지어야 표면이 매끄럽고 부서지지 않는다. 소고기와 두부 비율은 3 : 1이다.

2. 섭산적 반대기를 만들 때 도마 위에 식용유를 바르면 석쇠에 옮길 때 부서지지 않는다.

3. 직화구이를 할 경우에 수분증발이 일어나 산적의 두께가 얇아지기 때문에 완성된 크기보다 약간 두껍게 반대기 짓는다.

화양적

시험시간
35분

요구사항

주어진 재료를 사용하여 다음과 같이
화양적을 만드시오.

1. 화양적은 0.6cm×6cm×6cm로 만
   드시오.
2. 달걀노른자로 지단을 만들어 사용
   하시오(단, 달걀흰자 지단을 사용하
   는 경우 실격 처리).
3. 화양적은 2꼬치를 만들고 잣가루를
   고명으로 얹으시오.

지급 재료

소고기(살코기, 길이 7cm) 50g, 건표고버섯(지름 5cm, 불린 것) 1개, 당근(7cm) 50g,
오이(20cm) 1/2개, 통도라지(껍질 있는 것, 20cm) 1개, 산적꼬치(8~9cm) 2개,
진간장 5mL, 대파(흰 부분, 4cm) 1토막, 마늘 1쪽, 소금 5g, 흰설탕 5g, 깨소금 5g,
참기름 5mL, 검은 후춧가루 2g, 잣 10개, 달걀 2개, 식용유 30mL

소고기 양념

간장 1작은술, 설탕 1/2작은술,
다진 파 · 마늘 · 후추 · 깨소금 ·
참기름 약간

58

만들어 볼까요?

1. 오이는 6cm × 1cm × 0.6cm로 썰어 소금물에 절인다.

2. 당근과 도라지는 오이와 같은 크기로 썰어 소금물에 삶는다.

3. 파, 마늘을 다진다.

4. 소고기는 7cm × 1cm × 0.6cm로 썰고 칼집을 넣어 양념한다.

5. 표고버섯은 기둥을 떼고 물기를 제거한 후 다른 재료들과 같은 크기로 썰고 간장, 설탕, 참기름으로 밑간한다.

6. 잣은 고깔을 떼고 곱게 다져 준비한다.

7. 달걀노른자에 소금을 약간 넣어 0.6cm 두께로 두껍게 부쳐 다른 재료들과 같은 크기로 썬다. → 달걀흰자는 사용하지 않음

8. 팬에 기름을 두르고 오이, 도라지, 당근, 표고, 소고기를 볶는다.

9. 산적꼬치에 재료를 색 맞추어 끼워 꼬치 양쪽이 1cm 정도 남도록 한다.

10. 완성 접시에 화양적을 담고 잣가루를 뿌려낸다.

▲ 당근과 도라지를 소금물에 삶기

▲ 달걀지단 도톰하게 부치기

▲ 재료 준비하기

▲ 꼬치에 끼우기

1. 화양적은 당근, 도라지를 꼭 삶아 볶은 후 끼운다.
2. 각 재료의 크기와 두께를 일정하게 자르고 색은 선명하게 살려서 지진다.
3. 당근은 잘리기 쉬우므로 제일 나중에 끼운다.

지짐누름적

시험시간 35분

요구사항

주어진 재료를 사용하여 다음과 같이
지짐누름적을 만드시오.

1. 각 재료는 0.6cm×1cm×6cm로
   하시오.
2. 누름적의 수량은 2개를 제출하고,
   꼬치는 빼서 제출하시오.

지급 재료

소고기(살코기, 길이 7cm) 50g, 건표고버섯(지름 5cm, 불린 것) 1개, 당근(7cm) 50g,
통도라지(껍질 있는 것, 20cm) 1개, 쪽파 2뿌리, 밀가루(중력분) 20g, 달걀 1개,
참기름 5mL, 산적꼬치(8~9cm) 2개, 식용유 30mL, 소금 5g, 진간장 10mL,
대파(흰 부분, 4cm) 1토막, 마늘 1쪽, 검은 후춧가루 2g, 흰설탕 5g, 깨소금 5g

소고기 양념

간장 1작은술, 설탕 1/2작은술,
다진 파·마늘 약간, 참기름·
후춧가루 약간, 깨소금 약간

만들어 볼까요?

1. 당근과 도라지는 0.6cm × 6cm × 1cm로 썰어 소금물에 데친다.

2. 쪽파는 6cm로 썰어 소금, 참기름에 무쳐 놓는다.

3. 표고도 기둥을 떼고 길이 0.6cm × 6cm × 1cm로 썬다.

4. 소고기는 핏물을 제거하고 0.6cm × 7cm × 1cm로 썰어 잔 칼집을 넣는다.

5. 파, 마늘은 곱게 다진다.

6. 소고기는 양념장에 무쳐 놓고, 표고는 간장 · 설탕 · 참기름으로 밑간한다.

7. 기름 두른 팬에 도라지, 당근, 표고, 소고기 순으로 각각 볶고 산적꼬치에 준비된 재료들을 골고루 끼운다.

8. 달걀노른자에 흰자를 적당량 섞고 소금을 넣어 잘 푼 후 체에 내린다.

9. 꼬치에 밀가루를 묻히고 달걀물에 담갔다가 기름 두른 팬에 지져낸다.

10. 식으면 꼬치를 빼서 담아낸다.

▲ 당근, 도라지 삶기

▲ 재료 준비하기

▲ 익힌 재료를 꼬치에 끼우기

▲ 달걀물 담가 지지기

1. 산적은 지지기 전에 각 재료들의 크기를 맞추어 지진다(단, 표고의 크기는 지급된 재료크기로 한다).
2. 재료 사이가 떨어지지 않도록 뒷면은 밀가루를 넉넉히 묻히고 앞면은 얇게 입힌다.
3. 뒷면은 노릇하게 단단하게 지진다.

탕평채

요구사항

주어진 재료를 사용하여 다음과 같이
탕평채를 만드시오.

1. 청포묵은 0.4cm×0.4cm×6cm로
   썰어 데쳐서 사용하시오.
2. 모든 부재료의 길이는 4~5cm로
   써시오.
3. 소고기, 미나리, 거두절미한 숙주는
   각각 조리하여 청포묵과 함께 초간
   장으로 무쳐 담아내시오.
4. 황·백지단은 4cm 길이로 채 썰고,
   김은 구워 부숴서 고명으로 얹으
   시오.

지급 재료

청포묵(길이 6cm) 150g, 숙주(생 것) 20g, 미나리(줄기 부분) 10g, 식초 5mL,
소고기(살코기, 5cm) 20g, 달걀 1개, 김 1/4장, 진간장 20mL, 마늘 2쪽, 소금 5g,
대파(흰 부분, 4cm) 1토막, 검은 후춧가루 1g, 흰설탕 5g, 참기름 5mL,
식용유 10mL, 깨소금 5g

초간장

간장 1큰술, 설탕 1큰술, 식초 1큰술

고기 양념

간장·설탕 약간, 다진 파·마늘 약간,
후추·깨소금·참기름 약간

만들어 볼까요?

1. 미나리는 다듬어 끓는 물에 소금을 약간 넣어 데치고, 찬물에 헹궈 수분을 제거한 후 4~5cm로 자른다. 숙주는 머리꼬리를 떼어 삶는다.

2. 청포묵은 길이 6cm, 두께와 폭은 0.4cm로 썰어 끓는 물에 부드럽게 데친다.

3. 파, 마늘은 곱게 다지고 소고기는 4~5cm로 채 썰어 양념한다.

4. 달걀은 황·백지단으로 나누어 소금을 넣고 각각 부쳐 4cm 길이로 채 썬다.

5. 양념한 소고기는 기름 두른 팬에 볶고, 김은 구워서 부순다.

6. 준비한 재료를 합하여 초간장으로 무쳐 그릇에 담고 김과 지단채를 고명으로 얹는다.

▲ 청포묵 데치기

▲ 고기 양념하기

▲ 재료 준비하기

▲ 초간장 넣어 무치기

1. 청포묵이 굳은 것은 데쳐 부드러운 상태로 조리한다.
2. 탕평채는 내기 직전에 초간장에 무쳐야 부피감과 색감이 좋다.
3. 준비한 초간장 양념은 준비된 탕평채의 양에 맞추어 적당히 넣는다.

겨자채

요구사항

주어진 재료를 사용하여 다음과 같이
겨자채를 만드시오.

1. 채소, 편육, 황·백지단, 배는
   0.3cm×1cm×4cm로 써시오.
2. 밤은 모양대로 납작하게 써시오.
3. 겨자는 발효시켜 매운맛이 나도록
   하여 간을 맞춘 후 재료를 무쳐서
   담고, 통잣을 고명으로 올리시오.

지급 재료

양배추(5cm) 50g, 오이(20cm) 1/3개, 소고기(살코기, 5cm) 50g, 당근(7cm) 50g,
밤(생 것, 껍질 깐 것) 2개, 달걀 1개, 배(길이로 등분, 50g) 1/8개, 잣 5개,
흰설탕 20g, 소금 5g, 식초 10mL, 진간장 5mL, 겨자가루 6g, 식용유 10mL

발효겨자

겨자가루 1큰술, 따끈한 물 1큰술

겨자소스

발효겨자 1큰술, 설탕 2큰술,
식초 2큰술, 소금 1/2작은술

만들어 볼까요?

1. 냄비에 물을 올려 끓인다.

2. 밤은 납작하게 썰어 찬물에 담근다.

3. 겨자분에 따뜻한 물을 동량으로 넣어 발효시킨다(발효 온도 50℃ 전후).

4. 물이 끓으면 고기를 덩어리째 삶는다.

5. 양배추, 오이, 당근은 길이 4cm, 폭 1cm, 두께 0.3cm로 썰어 찬물에 담가 싱싱하게 해놓는다.

6. 배는 채소와 같은 크기로 썰어 설탕물에 담갔다 꺼낸다.

7. 발효시킨 겨자에 설탕, 식초, 소금을 넣어 겨자소스를 만든다.

8. 달걀을 흰자 · 노른자로 분리해서 약간의 소금을 넣고 지단을 부친 후 채소와 같은 크기로 썬다.

9. 삶은 고기는 채소와 같은 크기로 썬다.

10. 준비한 재료들을 물기를 닦고 내기 직전에 겨자소스에 골고루 버무려 담는다. 잣은 고깔을 떼고 위에 올려 낸다.

▲ 밤 편 썰어 물에 담그기

▲ 소고기 삶기

▲ 썰어 놓은 재료의 모습

▲ 겨자소스를 넣고 버무리기

합격 Point!

1. 편육은 꼬치로 찔러 보아 완전히 익었는지 확인 후 꺼낸다.
2. 편육은 식은 후에 썰어야 부스러지지 않는다.
3. 모든 채소의 크기는 균일하게 썰어야 모양이 좋다.
4. 겨자채는 내기 직전에 버무려야 물기가 생기지 않고 싱싱해 보인다.

잡채

요구사항

주어진 재료를 사용하여 다음과 같이 잡채를 만드시오.

1. 소고기, 양파, 오이, 당근, 도라지, 표고버섯은 0.3cm×0.3cm×6cm 로 썰어 사용하시오.
2. 숙주는 데치고 목이버섯은 찢어서 사용하시오.
3. 당면은 삶아서 유장처리하여 볶으시오.
4. 황·백지단은 0.2cm×0.2cm× 4cm로 썰어 고명으로 얹으시오.

지급 재료

당면 20g, 소고기(살코기, 길이 7cm) 30g, 건표고버섯(지름 5cm, 불린 것) 1개, 건목이버섯(지름 5cm, 불린 것) 2개, 양파(150g) 1/3개, 오이(20cm) 1/3개, 당근(7cm) 50g, 통도라지(껍질 있는 것, 20cm) 1개, 달걀 1개, 숙주(생 것) 20g, 진간장 20mL, 대파(흰 부분, 4cm) 1토막, 마늘 2쪽, 식용유 50mL, 깨소금 5g, 검은 후춧가루 1g, 참기름 5mL, 소금 15g, 흰설탕 10g

당면 양념

간장 1/2작은술, 설탕 1/2작은술, 참기름 1/2작은술

소고기 양념

간장 1작은술, 설탕 1/2작은술, 다진 파·마늘 약간, 후추·깨소금·참기름 약간

만들어 볼까요?

1. 당면은 찬물에 담가 두고, 냄비에 물을 올려 끓여 목이버섯을 불린다.

2. 숙주는 거두절미하고 소금을 넣어 삶고 파, 마늘을 다진다.

3. 오이는 6cm로 돌려깎기하여 폭 0.3cm, 두께 0.3cm로 채 썰어 소금에 절였다가 물기를 짠다.

4. 당근과 표고버섯은 오이와 같은 크기로 채 썬다.

5. 도라지는 당근과 같은 크기로 썰어 소금물에 쓴맛을 우려내고 물기를 짠다. 양파도 같은 크기로 채 썬다.

6. 소고기는 결대로 채 썰어 양념하고, 목이버섯은 찢어 표고버섯과 함께 양념(간장, 참기름)한다.

7. 달걀은 황·백지단으로 부쳐 0.2cm × 0.2cm × 4cm로 채 썬다.

8. 팬에 기름을 두르고 손질한 채소, 버섯, 소고기를 각각 볶는다.

9. 당면을 끓는 물에 삶아 물에 헹구어 건져서 길이를 짧게 끊어 간장, 설탕, 참기름으로 무쳐 볶는다.

10. 볶아 놓은 재료와 당면을 한데 합해 골고루 버무려 접시에 담고 달걀 지단을 고명으로 얹는다.

▲ 재료 채 썰기

▲ 재료 준비하기

▲ 당면 삶기

▲ 그릇에 담고 고명 얹기

합격 Point!

1. 당면을 물에 담갔다 삶으면 잘 익고 시간 절약을 할 수 있다.
2. 재료를 팬에서 볶을 때 깨끗한 순서부터 볶아 낸다.

칠절판

요구사항

주어진 재료를 사용하여 다음과 같이
칠절판을 만드시오.

1. 밀전병은 지름이 8cm가 되도록
   6개를 만드시오.
2. 채소와 황·백지단, 소고기는
   0.2cm×0.2cm×5cm로 써시오.
3. 석이버섯은 곱게 채를 써시오.

지급 재료

소고기(살코기, 길이 6cm) 50g, 달걀 1개, 오이(20cm) 1/2개, 당근(7cm) 50g,
석이버섯(마른 것) 5g, 밀가루(중력분) 50g, 진간장 20mL, 마늘 2쪽,
대파(흰 부분, 4cm) 1토막, 검은 후춧가루 1g, 참기름 10mL, 흰설탕 10g,
깨소금 5g, 식용유 30mL, 소금 10g

밀전병

밀가루 6큰술, 물 6~7큰술, 소금 약간

소고기 양념

간장 1작은술, 설탕 1/2작은술,
다진 파·마늘, 깨소금·후추·
참기름 약간

68

만들어 볼까요?

1. 냄비에 물을 끓여 석이버섯을 불린다.

2. 밀가루 4~5큰술, 물 6큰술에 소금을 약간 넣어 잘 풀어서 체에 걸러 둔다.

3. 오이는 소금으로 문질러 씻은 후 5cm로 토막 내어 돌려깎기하여 0.2cm 두께로 채 썰어 소금물에 절이고, 당근도 같은 크기로 채 썬다.

4. 파, 마늘은 잘게 다진다.

5. 소고기는 0.2cm로 가늘게 결대로 채 썰어 양념하고 석이버섯도 손질하여 채 썰고 소금, 참기름에 무친다.

6. 밀전병 반죽은 직경 8cm로 얇게 부친다.

7. 달걀은 황·백지단을 나누어 소금을 넣고 지단을 부쳐 0.2cm × 0.2cm × 5cm로 채를 썬다.

8. 팬에 기름을 두르고 손질한 오이, 당근, 석이버섯, 소고기 순으로 각각 볶는다.

9. 완성하면 접시 중앙에 밀전병을 놓고 준비한 재료를 색 맞추어 돌려 담는다.

▲ 재료 채 썰기

▲ 밀전병 얇게 부치기

▲ 황·백지단 부치기

▲ 준비한 재료를 색에 맞추어 담기

합격
Point!

1. 밀전병 반죽을 미리 해두면 끈기가 생겨 부칠 때 잘 찢어지지 않는다.
2. 밀전병 반죽은 2/3큰술 정도가 1개 분량이다.
3. 밀전병은 되직하면 모양 잡기가 어려우므로, 농도를 약간 묽게 한다.

미나리강회

시험시간 **35분**

요구사항

주어진 재료를 사용하여 다음과 같이 미나리강회를 만드시오.

1. 강회의 폭은 1.5cm, 길이는 5cm 로 만드시오.
2. 붉은 고추의 폭은 0.5cm, 길이는 4cm로 만드시오.
3. 달걀은 황·백지단으로 사용하시오.
4. 강회는 8개 만들어 초고추장과 함께 제출하시오.

지급 재료

미나리(줄기 부분) 30g, 소고기(살코기, 길이 7cm) 80g, 홍고추(생) 1개, 달걀 2개, 고추장 15g, 흰설탕 5g, 식초 5mL, 소금 5g, 식용유 10mL

초고추장

고추장 1작은술, 설탕 1작은술, 식초 1작은술

만들어 볼까요?

1. 다듬은 미나리는 줄기 부분만 끓는 물에 소금을 넣고 데쳐서 찬물에 헹구어 물기를 제거하고, 굵은 부분은 반으로 가른다.

2. 홍고추는 길이 4cm, 폭 0.5cm로 썬다.

3. 소고기는 끓는 물에 덩어리째 삶아서 눌러 식으면 길이 5cm, 폭 1.5cm, 두께 0.3cm 정도로 썬다.

4. 달걀은 황·백지단을 분리하여 소금을 넣어 도톰하게 부쳐 편육과 같은 크기로 썬다.

5. 편육, 황·백지단, 홍고추를 함께 잡고 미나리로 감는다.

6. 초고추장을 만들어 낸다.

▲ 소고기 삶기

▲ 홍고추 썰기

▲ 재료 준비하기

▲ 강회 재료를 미나리로 감기

1. 달걀지단을 부칠 때 노른자에 흰자를 조금 섞어 부친다(노른자만 사용하면 강회 8개가 나오지 않기 때문).
2. 미나리강회에서 미나리 4~5줄기가 나오면 길이로 갈라서 사용한다.
3. 편육은 충분히 익었는지 꼬치로 찔러 보아 확인하고 꺼낸다.
4. 홍고추는 다른 재료보다 크기가 작게 제시되므로 길이와 폭에 유의하여 썬다.

육회

요구사항

주어진 재료를 사용하여 다음과 같이
육회를 만드시오.

1. 소고기는 0.3cm×0.3cm×6cm로
   썰어 소금 양념으로 하시오.
2. 배는 0.3cm×0.3cm×5cm로 변색
   되지 않게 하여 가장자리에 돌려
   담으시오.
3. 마늘은 편으로 썰어 장식하고 잣가
   루를 고명으로 얹으시오.
4. 소고기는 손질하여 전량 사용하시오.

지급 재료

소고기(살코기) 90g, 마늘 3쪽, 배(100g) 1/4개, 잣 5개, 소금 5g,
대파(흰 부분, 4cm) 2토막, 검은 후춧가루 2g, 참기름 10mL, 흰설탕 30g,
깨소금 5g

양념장

소금 1/2작은술, 설탕 1작은술,
다진 파 · 마늘, 후추 · 깨소금 약간,
참기름 1작은술

만들어 볼까요?

1. 마늘 일부는 편으로 썰고 나머지는 다진다. 파도 곱게 다진다.

2. 주어진 소고기는 기름을 제거하고 두께와 폭을 0.3cm, 길이는 6cm 로 가늘게 채 썰어 준비한다.

3. 배는 설탕물에 담가 놓는다.

4. 배를 채 썰어 물기를 없애고 접시의 가장자리에 돌려 담는다.

5. 마늘편은 배 안쪽에서 옆으로 둥그렇게 돌려 담는다.

6. 채 썰어 준비한 소고기에 소금, 설탕, 다진 파·마늘, 깨소금, 후춧가루, 참기름을 넣어 무친 후 접시 한가운데에 육회를 얹는다.

7. 잣은 고깔을 떼고 다져 보슬보슬한 가루를 만들어 고명으로 얹는다.

▲ 소고기 채 썰기

▲ 소고기 핏물 빼기

▲ 그릇에 마늘편 깔기

▲ 고기 양념하기

1. 잣가루는 마른 종이나 키친타월을 이용해 다진다.
2. 고기는 미리 양념하지 말고 내기 직전에 무쳐낸다.

홍합초

요구사항

주어진 재료를 사용하여 다음과 같이
홍합초를 만드시오.

1. 마늘과 생강은 편으로, 파는 2cm로
   써시오.
2. 홍합은 데쳐서 전량 사용하고, 촉촉
   하게 보이도록 국물을 끼얹어 제출
   하시오.
3. 잣가루를 고명으로 얹으시오.

지급 재료

생홍합(껍질 벗긴 것) 100g, 대파(흰 부분, 4cm) 1토막, 검은 후춧가루 2g,
참기름 5mL, 마늘 2쪽, 진간장 40mL, 생강 15g, 잣 5개, 흰설탕 10g

조림장

간장 2큰술, 설탕 1큰술, 대파(2cm)
1토막, 마늘(편)·생강(편) 약간,
물 3큰술

만들어 볼까요?

1. 생홍합은 소금물에 흔들어 씻은 후 이물질을 제거하여 끓는 물에 살짝 데친다.

2. 파는 2cm 길이로 썰고, 마늘, 생강은 편으로 썰어 둔다.

3. 냄비에 간장, 설탕, 물을 넣고 끓으면 데친 홍합, 파, 마늘, 생강편을 넣어 약한 불에서 국물을 끼얹어 윤기나게 조린다.

4. 국물이 거의 조려지면 후춧가루와 참기름을 넣는다.

5. 완성 접시에 윤기나게 조린 홍합을 담고 국물을 약간 끼얹고, 잣은 고깔을 떼고 곱게 다져 홍합 위에 올린다.

▲ 홍합 손질하기

▲ 재료 준비하기

▲ 생홍합 데치기

▲ 재료와 양념장을 넣고 조리기

합격 Point!

1. 초(炒)란 윤기나게 조린다는 의미로 어패류나 해물(전복, 소라, 홍합) 등을 데쳐서 조린 조림이다.

2. 시험장에서 홍합 양이 적어 타기 쉬우므로 끓으면 뚜껑을 열고 조린다.

3. 간장 종류에 따라 색이 달라질 수 있으니 간장과 설탕 양을 조절해서 색과 윤기를 내서 조려 낸다.

오징어볶음

요구사항

주어진 재료를 사용하여 다음과 같이
오징어볶음을 만드시오.

1. 오징어는 0.3cm 폭으로 어슷하게
   칼집을 넣고, 크기는 4cm×1.5cm
   로 써시오(단, 오징어 다리는 4cm
   길이로 자른다).
2. 고추, 파는 어슷썰기, 양파는 폭
   1cm로 써시오.

지급 재료

물오징어(250g) 1마리, 소금 5g, 진간장 10mL, 흰설탕 20g, 참기름 10mL,
깨소금 5g, 풋고추(5cm 이상) 1개, 홍고추(생) 1개, 양파(150g) 1/3개, 마늘 2쪽,
대파(흰 부분, 4cm) 1토막, 생강 5g, 고춧가루 15g, 고추장 50g,
검은 후춧가루 2g, 식용유 30mL

고추장 양념

고추장 1.5큰술, 고춧가루 1작은술,
설탕 1큰술, 간장 · 다진 마늘 ·
생강 · 후추 · 깨소금 · 참기름

만들어 볼까요?

1. 오징어는 내장을 제거하고 껍질을 벗겨 깨끗이 씻어 몸통 안쪽에 0.3cm 폭으로 가로세로로 어슷하게 칼집을 넣어 길이 5cm, 폭 2cm로 썰고, 다리는 5~6cm 길이로 썰어 준비한다.

2. 홍고추와 풋고추는 어슷하게 썰어 씨를 털어내고, 대파도 어슷하게 썬다. 그리고 양파는 폭 1cm 두께로 썬다.

3. 마늘과 생강은 다진다.

4. 고추장에 다진 마늘과 생강, 고춧가루, 간장, 설탕, 깨소금, 후춧가루, 참기름을 넣어 양념장을 만든다.

5. 뜨거운 팬에 기름을 넣고 양파를 볶다가 오징어를 넣고 양념장으로 볶은 후 홍고추, 풋고추, 대파를 넣고 간이 배도록 볶는다.

6. 참기름을 넣어 윤기를 낸다.

7. 완성 접시에 담을 때 칼집을 낸 몸통 부분이 위로 보이도록 채소와 조화롭게 담아낸다.

▲ 오징어 손질하고 썰기

▲ 재료 준비하기

▲ 썰어 놓은 채소 볶기

▲ 오징어와 양념장을 함께 넣고 볶기

1. 오징어는 칼집을 일정하게 넣고 둥글게 말리지 않도록 방향을 고려해 썬다(가로를 길이로, 세로를 폭으로 잡는다).
2. 채소를 먼저 볶은 후 오징어를 넣고 짧은 시간에 볶아야 물이 생기지 않는다.
3. 오징어가 익으면서 수축되는 것을 감안하여 완성 크기보다 크게 썬다.

두부조림

요구사항

주어진 재료를 사용하여 다음과 같이
두부조림을 만드시오.

1. 두부는 0.8cm×3cm×4.5cm로
   잘라 지져서 사용하시오.
2. 8쪽을 제출하고, 촉촉하게 보이도
   록 국물을 약간 끼얹어 내시오.
3. 실고추와 파채를 고명으로 얹으시오.

지급 재료

두부 200g, 소금 5g, 대파(흰부분, 4cm) 1토막, 실고추 1g, 검은 후춧가루 1g,
참기름 5mL, 마늘 1쪽, 식용유 30mL, 진간장 15mL, 깨소금 5g, 흰설탕 5g

양념장

간장 1큰술, 설탕, 다진 파 · 마늘,
후추 · 깨소금 · 참기름 약간

만들어 볼까요?

1. 두부는 0.8cm × 3cm × 4.5cm 정도로 네모지게 썰어 소금을 뿌려 둔다.

2. 파의 일부는 다져 양념장에 쓰고, 나머지는 채 썰어 놓는다.

3. 마늘은 다지고, 실고추는 2cm로 자른다.

4. 두부의 물기를 닦고 팬에 기름을 두르고 뜨거워지면 두부를 노릇하게 앞뒤로 지진다.

5. 양념간장을 만들어 준비한다.

6. 냄비에 두부를 넣고 양념장을 골고루 얹고 물을 3큰술 정도 가장자리에 돌려 부어 은근한 불에서 국물을 끼얹어 가며 천천히 조린다.

7. 어느 정도 조려지면 채썬 파와 실고추를 고명으로 얹고 잠시 뚜껑을 덮어 뜸을 들인다.

8. 두부조림 8쪽을 그릇에 담고 촉촉하게 보이도록 국물을 끼얹어 낸다.

▲ 두부 썰기

▲ 소금 뿌리기

▲ 팬에 두부 지지기

▲ 냄비에 양념장을 얹어서 조리기

합격 Point!

1. 두부는 부서지지 않게 하고 앞뒤를 노릇노릇하게 지져야 양념장으로 조릴 때 색이 자연스럽다.

2. 두부를 조릴 때 양이 적어 뚜껑을 덮어 조리면 타기 쉬우므로 뚜껑을 열고 국물을 끼얹어가며 조린다.

무생채

시험시간
15분

요구사항

주어진 재료를 사용하여 다음과 같이
무생채를 만드시오.

1. 무는 0.2cm×0.2cm×6cm로 썰어
   사용하시오.
2. 생채는 고춧가루를 사용하시오.
3. 무생채는 70g 이상 제출하시오.
※ 요구사항에 g수가 제시된 경우 내
   는 양에 주의하세요.

지급 재료

무(7cm) 120g, 소금 5g, 고춧가루 10g, 식초 5mL, 대파(흰 부분, 4cm) 1토막,
마늘 1쪽, 깨소금 5g, 생강 5g, 흰설탕 10g

생채양념

소금 1/3작은술, 다진 파·마늘,
생강 약간, 설탕 1작은술,
식초 1.5작은술, 깨소금 약간

만들어 볼까요?

1. 무는 길이 6cm, 두께와 폭은 0.2cm 크기로 일정하게 썰어 놓는다.

2. 고춧가루를 고운 체에 내린다.

3. 채 썬 무에 고운 고춧가루를 넣고 붉게 물들인다.

4. 파 · 마늘은 곱게 다진다.

5. 물들인 무에 다진 파 · 마늘, 생강, 소금, 설탕, 식초, 깨소금을 넣어 버무린다.

6. 양념은 내기 직전에 무쳐야 물이 생기지 않는다.

▲ 무 채 썰기

▲ 고춧가루 체에 내리기

▲ 무를 양념에 버무리기

▲ 그릇에 담기

1. 고춧가루는 고운 체에 내려 사용하여 무를 붉게 물들인다.
2. 무는 절이지 않고 고춧가루에 물만 들인 후 무쳐내야 싱싱해 보인다.
3. 생강은 즙을 내어도 되고 곱게 다져서 넣어도 상관없다.

도라지생채

시험시간 **15분**

요구사항

주어진 재료를 사용하여 다음과 같이 도라지생채를 만드시오.

1. 도라지는 0.3cm×0.3cm×6cm로 써시오.
2. 생채는 고추장과 고춧가루 양념으로 무쳐 제출하시오.

지급 재료

통도라지(껍질 있는 것) 3개, 소금 5g, 고추장 20g, 고춧가루 10g, 흰설탕 10g, 식초 15mL, 대파(흰 부분, 4cm) 1토막, 마늘 1쪽, 깨소금 5g

생채양념

고추장 1큰술, 고춧가루 1작은술, 설탕 1작은술, 식초 2작은술, 다진 파 · 마늘, 깨소금 약간

만들어 볼까요?

1. 도라지는 껍질을 벗겨 씻은 다음 0.3cm × 0.3cm × 6cm로 썰어 소금 물에 주물러 쓴맛을 없애고 물에 헹구어 면보에 물기를 눌러 짠다.

2. 파, 마늘을 곱게 다져서 고추장, 고춧가루, 설탕, 식초, 깨소금을 잘 섞어 초고추장을 만든다.

3. 도라지에 초고추장을 조금씩 넣어가며 고루 무친다.

4. 물이 생기지 않게 내기 직전에 무쳐 낸다.

▲ 도라지 껍질 벗기기

▲ 도라지 채 썰기

▲ 도라지를 초고추장에 무치기

▲ 그릇에 담기

합격 Point!

1. 도라지는 일정하게 썰어 소금으로 주물러 쓴맛을 뺀 후 물기를 꼭 짜서 무쳐야 물기가 덜 생긴다.

2. 생채 종류는 양념을 제출하기 직전에 무쳐서 내어야만 물이 생기지 않는다.

더덕생채

시험시간
20분

요구사항

주어진 재료를 사용하여 다음과 같이
더덕생채를 만드시오.

1. 더덕은 5cm로 썰어 두들겨 편 후
   찢어서 쓴맛을 제거하여 사용하
   시오.
2. 고춧가루로 양념하고, 전량 제출하
   시오.

지급 재료

통더덕(껍질 있는 것, 길이 10~15cm) 2개, 마늘 1쪽, 흰설탕 5g, 식초 5mL,
대파(흰 부분, 4cm) 1토막, 소금 5g, 깨소금 5g, 고춧가루 20g

생채양념

고춧가루 1작은술, 다진 파 · 마늘
약간, 설탕 1작은술, 식초 2작은술,
소금 · 깨소금 약간

만들어 볼까요?

1. 더덕은 껍질을 벗기고 자근자근 두드려 소금물에 잠시 담가 쓴맛을 우려낸다.

2. 더덕은 밀대로 밀어 가늘고 길게 찢는다.

3. 고춧가루는 고운 체에 내리고 파 · 마늘은 곱게 다진다.

4. 더덕에 양념을 넣어가며 가볍게 버무려 부풀려서 담는다.

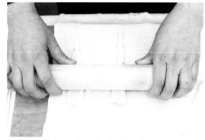
▲ 쓴맛을 뺀 더덕 밀대로 밀기

▲ 더덕을 가늘게 찢기

▲ 양념을 넣어 버무리기

▲ 그릇에 담기

1. 더덕의 물기를 잘 제거해야 양념장이 뭉치지 않는다.
2. 생채류는 내기 직전에 무쳐야 물이 생기지 않는다.
3. 고춧가루 입자가 굵을 때에는 고운 체에 내려 사용한다.

배추김치

요구사항

주어진 재료를 사용하여 다음과 같이 배추김치를 만드시오.

1. 배추는 씻어 물기를 빼시오.
2. 찹쌀가루로 찹쌀풀을 쑤어 식혀 사용하시오.
3. 무는 0.3cm×0.3cm×5cm 크기로 채 썰어 고춧가루로 버무려 색을 들이시오.
4. 실파, 갓, 미나리, 대파(채썰기)는 4cm로 썰고, 마늘, 생강, 새우젓은 다져 사용하시오.
5. 소의 재료를 양념하여 버무려 사용하시오.
6. 소를 배춧잎 사이사이에 고르게 채워 반을 접어 바깥잎으로 전체를 싸서 담아내시오.

지급 재료

절임배추(포기당 2.5~3kg) 1/4포기, 무(길이 5cm 이상) 100g, 실파 20g(쪽파 대체 가능), 갓 20g(적겨자 대체 가능), 미나리(줄기 부분) 10g, 찹쌀가루 10g, 새우젓 20g, 멸치액젓 10mL, 대파(흰 부분, 4cm) 1토막, 마늘 2쪽, 생강 10g, 고춧가루 50g, 소금 10g, 흰설탕 10g

김치양념

고춧가루 4큰술, 찹쌀풀 4큰술, 다진 마늘 1큰술, 다진 생강 1작은술, 다진 새우젓 1큰술, 액젓 2/3큰술, 흰설탕 2/3큰술, 소금 1작은술, 물 1큰술

찹쌀풀

물 1컵, 찹쌀가루 1큰술

만들어 볼까요?

1. 배추는 깨끗이 씻어서 물기를 뺀다.

2. 김치 재료는 다듬어 씻어서 물기를 거둔다.

3. 물에 찹쌀가루를 풀어 풀을 쑨 뒤 식혀 둔다.

4. 무는 0.3cm×0.3cm×5cm 크기로 채 썰어 고춧가루로 버무려 색을 들인다.

5. 마늘, 생강, 새우젓은 다지고, 실파, 갓, 미나리, 대파(채썰기)는 4cm로 썰어 준비한다.

6. 고춧가루에 버무린 무채에 찹쌀풀, 다진 마늘·생강·새우젓, 액젓, 설탕을 넣고 잘 섞은 후 실파, 갓, 미나리, 대파를 넣어 골고루 버무려 김칫소를 만든다. 소금 1작은술, 물 1큰술 정도 추가한다.

7. 양념소를 배춧잎 사이사이에 골고루 채우고 반을 접어서 마지막 겉잎으로 잘 싸서 마무리한다.

▲ 찹쌀풀 쑤기

▲ 무채 색 들이기

▲ 재료 준비하기

▲ 양념소 채우기

 합격 Point!

1. 시험장에서 절인 배추가 나오지만 덜 절여졌으면 조금 더 절인다.
2. 고춧가루를 물에 불려 양념에 버무리면 김치양념 색이 고와진다.
3. 찹쌀풀은 김치소 양념에 맞게 적당히 사용한다.

오이소박이

요구사항

주어진 재료를 사용하여 다음과 같이 오이소박이를 만드시오.

1. 오이는 6cm 길이로 3토막 내시오.
2. 오이에 3~4갈래 칼집을 넣을 때 양쪽 끝이 1cm 남도록 하고, 절여 사용하시오.
3. 소를 만들 때 부추는 1cm 길이로 썰고, 새우젓은 다져 사용하시오.
4. 그릇에 묻은 양념을 이용하여 국물을 만들어 소박이 위에 부어내시오.

지급 재료

오이(가는 것, 20cm) 1개, 부추 20g, 새우젓 10g, 고춧가루 10g, 대파(흰 부분, 4cm) 1토막, 마늘 1쪽, 생강 10g, 소금 50g

소 양념

고춧가루 1큰술, 물 1큰술, 다진 새우젓 · 파 · 마늘 · 생강, 소금 약간

만들어 볼까요?

1. 오이는 껍질 부분을 소금으로 문질러 씻은 후 6cm 길이로 3토막 자른다.

2. 자른 오이는 양 끝을 1cm 정도 남기고 3~4갈래 칼집을 넣어 소금물에 절인다.

3. 부추는 1cm 길이로 자르고, 파, 마늘, 생강, 새우젓은 다진다.

4. 물 1큰술 정도에 고춧가루 1큰술을 넣어서 불려 놓는다.

5. 고춧가루에 새우젓, 파, 마늘, 생강, 소금을 넣고 고루 섞어 양념하여 부추를 넣고 소를 만든다.

6. 오이가 충분히 절여졌으면 씻은 후 소창(면보)에 싸서 물기를 뺀다.

7. 오이의 칼집 사이에 소를 채워 넣는다.

8. 오이를 완성 그릇에 담은 후, 그릇에 남은 양념에 물을 조금 넣어 김칫국물을 만들어 오이소박이 가장자리에 조심스럽게 붓는다.

▲ 오이를 잘라 칼집 넣기

▲ 소금물에 절이기

▲ 칼집 사이에 소 넣기

▲ 오이 위에 김칫국 붓기

합격 Point!

1. 고춧가루 1큰술에 물 1큰술 정도 넣고 고춧가루를 불려서 오이소를 만들어 양념하면 오이에 속을 채우기가 좋다.

2. 오이가 덜 절여지면 소를 넣을 때 끝이 갈라지므로 미지근한 물에 충분히 절이고 자주 뒤집어 준다.

재료 썰기

요구사항

주어진 재료를 사용하여 다음과 같이
재료 썰기를 하시오.

1. 무, 오이, 당근, 달걀지단을 썰기 하여 전량
   제출하시오(단, 재료별 써는 방법이 틀렸
   을 경우 실격).
2. 무는 채 썰기, 오이는 돌려깎기하여 채 썰
   기, 당근은 골패 썰기를 하시오.
3. 달걀은 흰자와 노른자를 분리하여 알끈과
   거품을 제거하고 지단을 부쳐 완자(마름모
   꼴)모양으로 각 10개를 썰고, 나머지는 채
   썰기를 하시오.
4. 재료 썰기의 크기는 다음과 같이 하시오.
   • 채 썰기 : 0.2cm×0.2cm×5cm
   • 골패 썰기 : 0.2cm×1.5cm×5cm
   • 마름모형 썰기 : 한 면의 길이가 1.5cm

지급 재료

무 100g, 오이(길이 25cm) 1/2개, 당근(길이 6cm) 1토막, 달걀 3개,
식용유 20mL, 소금 10g

만들어 볼까요?

1. 주어진 재료는 깨끗이 씻어 준비한다.

2. 달걀은 흰자, 노른자를 분리하여 알끈과 거품을 제거하고 약간의 소금을 넣어 잘 풀어준 뒤 기름을 두른 팬에 지단을 얇게 부친다.

3. 무, 오이는 0.2cm × 0.2cm × 5cm 길이로 채 썬다. 오이는 소금으로 문질러 깨끗이 씻은 후 돌기를 제거하고 돌려깎기하여 채 썬다.

4. 당근은 껍질을 제거하여 0.2cm × 1.5cm × 5cm 크기로 골패 썰기를 한다.

5. 달걀지단은 완자(마름모꼴)모양으로 한 면의 길이가 1.5cm로 황, 백 각각 10개를 썰고, 나머지는 채(0.2cm × 0.2cm × 5cm) 썰기를 한다.

▲ 오이 돌려깎기

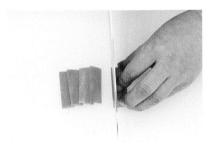

▲ 당근 골패 썰기

▲ 달걀지단 마름모 썰기

▲ 그릇에 담기

합격 Point!

1. 달걀지단은 팬을 잘 달구어 코팅하고 온도를 낮추어 기포가 생기지 않도록 한다.
2. 재료별 써는 방법에 유의한다.

한식조리기능사 더 알아보기에서는

2020년 출제기준 변경으로 삭제된 21개 과제를 수록하였습니다.

알아두면 도움이 되는 다음의 과제를 통해

전문적인 조리사의 길로 한 걸음 더 나아갈 수 있습니다.

한식조리기능사 더 알아보기

[면 · 만두류] 비빔국수 · 국수장국 · 칼국수 · 만둣국

[찜류] 돼지갈비찜 · 닭찜 · 북어찜 · 달걀찜

[선류] 오이선 · 호박선 · 어선

[무침류] 북어보푸라기

[장아찌류] 무숙장아찌 · 오이숙장아찌

[김치류] 보쌈김치

[후식류] 화전 · 매작과 · 배숙

[전골류] 소고기전골 · 두부전골

[튀김류] 채소튀김

비빔국수

시험시간
30분

요구사항

주어진 재료를 사용하여 다음과 같이
비빔국수를 만드시오.

1. 소고기, 표고버섯, 오이는 0.3cm×
   0.3cm×5cm로 썰어 양념하여 볶
   으시오.
2. 황·백지단은 0.2cm×0.2cm×
   5cm로 썰어 고명으로 사용하시오.
3. 삶은 국수는 유장처리하여 사용하
   시오.
4. 실고추와 석이버섯은 채 썰어 고명
   으로 사용하시오.

지급 재료

소면 70g, 소고기(살코기) 30g, 건표고버섯(지름 5cm, 불린 것) 1개,
오이(20cm) 1/4개, 달걀 1개, 실고추(10cm, 1~2줄기) 1g, 진간장 15mL,
대파(흰 부분, 4cm) 1토막, 마늘 2쪽, 깨소금 5g, 소금 10g, 참기름 10mL,
검은 후춧가루 1g, 흰설탕 5g, 식용유 20mL, 석이버섯(마른 것) 5g

삶은 국수양념(유장)

간장 1작은술, 설탕 1작은술,
참기름 1작은술

고기 양념

간장 1작은술, 설탕 1/2작은술,
다진 파·마늘, 후추·깨소금·
참기름 약간

만들어 볼까요?

1. 오이는 두께와 폭 0.3cm × 0.3cm, 길이 5cm로 채 썰어 소금에 절였다가 물기를 짠다. 파, 마늘은 곱게 다져 둔다.

2. 소고기는 두께와 폭 0.3cm, 길이 5cm로 썰어 양념을 한다. 불린 표고버섯도 소고기와 같은 크기로 채 썰어 양념(간장, 설탕, 참기름)한다.

3. 불린 석이버섯은 물기 제거 후 돌돌 말아 채 썰고 양념(소금, 참기름)한다.

4. 달걀은 황 · 백으로 나누어 지단을 부쳐 0.2cm × 0.2cm × 5cm로 채 썬다.

5. 팬에 기름을 두르고 오이, 표고버섯, 석이버섯, 소고기 순으로 볶아낸다.

6. 국수를 삶아서 찬물에 헹구어 물기를 빼고 참기름, 간장, 설탕으로 밑간한다.

7. 오이, 소고기, 표고를 넣고 살살 비벼 그릇에 담고 달걀지단, 실고추, 석이버섯을 고명으로 얹는다.

▲ 재료 준비하기

▲ 국수 삶기

▲ 국수에 고기, 버섯, 오이 넣어 무치기

▲ 지단 올리기

합격 Point!

1. 국수를 삶을 때 물이 끓어오르면 찬물을 4회 정도 부어 충분히 익혀준다.
2. 국수가 불지 않게 하려면 모든 재료가 완성된 뒤에 삶는다.

국수장국

요구사항

주어진 재료를 사용하여 다음과 같이
국수장국을 만드시오.

1. 호박은 돌려깎기하여 0.3cm×
   0.3cm×5cm, 황·백지단은 0.2cm
   ×0.2cm×5cm, 석이버섯은 채 썰
   어 고명으로 사용하시오.
2. 소고기는 육수를 내고, 삶은 고기는
   0.2cm×0.2cm×5cm 정도의 고명
   으로 사용하시오.
3. 국수에 1.5배 분량의 장국을 붓고
   오색 고명을 올려내시오.

지급 재료

소면 80g, 소고기(살코기) 50g, 달걀 1개, 애호박(6cm) 60g,
석이버섯(마른 것, 잎이 넓은 것 1장) 5g, 실고추(10cm, 1~2줄기) 1g, 소금 5g,
진간장 10mL, 참기름 5mL, 식용유 5mL, 대파(흰 부분, 4cm) 1토막, 마늘 1쪽

만들어 볼까요?

1. 소고기는 핏물을 제거하고 손질하여 대파, 마늘을 넣고 삶아 육수를 만들어 면보에 거른다.

2. 호박은 0.3cm × 0.3cm × 5cm 길이로 채 썰고 소금에 절여 물기를 짠다.

3. 석이버섯은 불려서 손질한 다음 채 썰어 참기름, 소금간을 하여 살짝 볶는다.

4. 팬에 황·백지단을 부쳐내고 0.2cm × 0.2cm × 5cm로 채 썰고, 호박을 볶아낸다.

5. 편육은 0.2cm × 0.2cm × 5cm로 채 썰고, 국물은 간장으로 색을 내고 소금으로 간을 맞춘다.

6. 국수를 삶아서 사리를 지어 그릇에 담고 편육과 뜨거운 장국을 붓는다. 그 위에 준비한 고명을 얹어 내는데, 실고추는 2cm 크기로 끊어서 올린다.

▲ 육수 내기

▲ 국수 삶기

▲ 삶은 국수 사리 짓기

▲ 그릇에 담아 육수를 부은 후 고명 얹기

1. 국수는 물이 끓을 때 찬물을 3~4번 부어가며 충분하게 익힌다.
2. 국수는 고명이 준비된 후에 삶아야 불지 않는다.

칼국수

시험시간 **30분**

요구사항

주어진 재료를 사용하여 다음과 같이 칼국수를 만드시오.

1. 국수의 굵기는 두께가 0.2cm, 폭은 0.3cm가 되도록 하시오.
2. 멸치는 육수용으로 사용하시오.
3. 애호박은 돌려깎아 채 썰고, 표고버 섯은 채 썰어 볶아 실고추와 함께 고명으로 사용하시오.
4. 국수와 국물의 비율은 1 : 2 정도 가 되도록 하시오.

지급 재료

밀가루(중력분) 100g, 애호박(6cm) 60g, 건표고버섯(지름 5cm, 불린 것) 1개, 멸치(장국용, 대) 20g, 실고추(10cm, 1~2줄기) 1g, 마늘 1쪽, 대파(흰 부분, 4cm) 1토막, 소금 5g, 진간장 5mL, 참기름 5mL, 흰설탕 5g, 식용유 10mL

표고버섯 양념장

간장 1/3작은술, 설탕 1/4작은술, 참기름 약간

만들어 볼까요?

1. 머리와 내장을 제거한 멸치는 물을 3컵 정도 부어 거품을 걷어 내면서 끓이다 파·마늘을 넣고 은근히 끓인 후 면보에 걸러 멸치육수를 만든다.

2. 밀가루는 소금과 물을 넣어 되직하게 반죽하고 젖은 면보에 싸서 숙성시킨다.

3. 호박은 돌려깎기하여 채 썰어 소금에 절이고 불린 표고는 채 썰어 양념한다.

4. 팬에 호박과 표고버섯을 볶는다.

5. 밀가루 반죽을 두께 0.1cm로 얇게 밀어서 덧가루를 뿌리고 겹겹이 접어서 0.2cm 폭으로 썬 다음 고루 헤쳐 덧가루를 털어낸다.

6. 1.의 국물에 칼국수를 넣고 약불로 끓인다.

7. 육수가 끓으면 간장으로 색을 낸 후 소금으로 간하여 그릇에 담아 호박, 표고를 올려놓고 실고추를 고명으로 올려 낸다.

▲ 멸치육수 만들기

▲ 호박 돌려깎기

▲ 재료 준비하기

▲ 육수에 칼국수 넣어 끓이기

합격 Point!

1. 멸치를 너무 오래 끓이면 비린내가 나고 국물이 탁해진다(멸치는 머리와 내장을 제거한 후 끓인다).
2. 반죽을 요구사항보다 두께를 더 얇게 밀고 가늘게 자른다(익으면 더 두꺼워진다).
3. 반죽 시 질지 않게 한다.
4. 덧가루를 많이 사용하면 국물이 뿌옇고 탁해진다.

만둣국

요구사항

주어진 재료를 사용하여 다음과 같이 만둣국을 만드시오.

1. 지급된 소고기는 육수와 만두소 재료로 사용하시오.
2. 만두피는 지름 8cm의 둥근 모양으로 하여, 5개를 만드시오.
3. 황·백지단과 미나리 초대 각 2개씩을 고명으로 사용하시오[완자(마름모꼴)모양].

지급 재료

밀가루(중력분) 60g, 소고기(살코기) 60g, 두부 50g, 숙주(생 것) 30g, 배추김치 40g, 달걀 1개, 미나리(줄기 부분) 20g, 대파(흰 부분, 4cm) 1토막, 마늘 2쪽, 검은 후춧가루 2g, 식용유 5mL, 깨소금 5g, 참기름 10mL, 국간장 5mL, 소금 5g, 산적꼬치 1개

만두소 양념

다진 파·마늘 약간, 후추·깨소금·참기름 약간, 소금 1/2작은술

만들어 볼까요?

1. 밀가루 1/2컵 정도에 물과 소금을 넣고 반죽하여 비닐이나 젖은 면보에 덮어 둔다(덧가루는 남긴다).

2. 끓는 물에 소금을 약간 넣고 숙주를 데쳐 다지고, 두부는 물기를 짜서 곱게 으깨어 놓는다. 김치는 속을 털어 내고 다져서 물기를 꼭 짠다. 파·마늘은 곱게 다진다.

3. 소고기의 일부는 육수를 만들어 면보에 거르고 나머지는 다진다.

4. 다진 소고기, 두부, 숙주, 김치에 소금, 다진 파·마늘, 후추, 깨소금, 참기름으로 양념하여 소를 만든다.

5. 달걀은 황·백으로 나누어 소금을 넣고 풀어준 뒤 식용유 두른 팬에 지단을 부치고 나머지 달걀물로 미나리 초대를 만들어 마름모꼴로 썰어 준비한다.

6. 밀가루 반죽을 밀대로 밀어 얇고 둥글게 지름 8cm 정도로 만두피를 만든 후 소를 넣어 만두를 빚는다.

7. 육수가 끓으면 만두를 넣고 끓인다.

8. 육수에 간장으로 색을 내고 소금으로 간을 한 뒤 만두가 떠오르면 국물과 같이 그릇에 담고 황·백지단, 미나리 초대를 띄워낸다.

▲ 만두소 준비하기

▲ 미나리 초대 만들기

▲ 만두피 만들어 만두 빚기

▲ 그릇에 담아 지단과 미나리 초대 얹기

합격 Point!

1. 제일 먼저 냄비에 물을 끓여 숙주를 삶고 반죽해 놓는다.
2. 밀가루 반죽은 먼저 반죽하여 숙성시켜 놓아야 끈기가 생기고 만두피가 잘 찢어지지 않는다.
3. 반죽이 질지 않도록 하며 만두에 덧가루가 많이 묻게 되면 국물이 탁해진다.
4. 미나리 초대 만들기 : 미나리는 5cm 정도로 자르고 산적꼬치에 끼운 후 앞뒤로 밀가루, 계란물을 묻혀 팬에 지진다.

돼지갈비찜

시험시간 **30분**

요구사항

주어진 재료를 사용하여 다음과 같이
돼지갈비찜을 만드시오.

1. 갈비는 핏물을 제거하여 사용하
   시오.
2. 감자와 당근은 3cm 정도 크기로
   잘라 모서리를 다듬어 사용하시오.
3. 완성된 갈비찜은 잘 무르고 부서지
   지 않게 조리하시오.
4. 갈비는 전량을 국물과 함께 담아
   제출하시오.

지급 재료

돼지갈비(5cm, 토막) 200g, 감자(150g) 1/2개, 당근(7cm) 50g, 양파(150g) 1/3개,
홍고추(생) 1/2개, 대파(흰 부분, 4cm) 1토막, 마늘 2쪽, 생강 10g, 흰설탕 20g,
검은 후춧가루 2g, 깨소금 5g, 참기름 5mL, 진간장 40mL

갈비양념

간장 2큰술, 설탕 1큰술, 다진 파·
마늘·생강 약간, 후추·깨소금·
참기름 약간, 물 1.5컵

만들어 볼까요?

1. 돼지갈비를 찬물에 담가 핏물을 제거한 뒤 기름기 부분과 힘줄을 떼어내고 5cm 정도로 잘라 칼집을 내 끓는 물에 데쳐 기름기를 뺀다.

2. 파, 마늘, 생강을 곱게 다져서 양념장을 만든다.

3. 당근, 감자는 사방 3cm 정도로 썰어 모서리를 다듬고, 양파는 큼직하게 3등분 정도로 자르고, 홍고추는 어슷썰어 씨를 뺀다.

4. 냄비에 데친 갈비를 넣고 양념장 2/3 정도와 물을 갈비가 잠길 정도로 자작하게 부은 다음 당근도 같이 넣고 뚜껑을 덮어 중불에서 익힌다.

5. 갈비가 반쯤 익으면 감자, 양파, 홍고추와 나머지 양념장을 넣어 끓인다.

6. 국물이 어느 정도 남았을 때 센 불에서 뚜껑을 열고 국물을 끼얹어가며 윤기나게 조린다.

7. 국물이 조금 남았을 때 불을 끄고 그릇에 돼지갈비와 나머지 재료를 담고 남은 국물을 끼얹어 낸다.

▲ 갈비에 칼집 넣기

▲ 채소 다듬기

▲ 재료 준비하기

▲ 갈비와 재료 넣고 익히기

1. 당근과 감자가 익도록 유의한다.
2. 적은 양의 갈비를 익힐 때는 갈비와 당근을 동시에 넣어 익힌다.
3. 갈비에 윤기가 나려면 추가로 양념을 사용할 수 있다.

닭찜

요구사항

주어진 재료를 사용하여 다음과 같이
닭찜을 만드시오.

1. 닭은 4~5cm 정도로 토막을 내
   시오.
2. 닭은 끓는 물에 기름을 제거하고,
   부서지지 않게 조리하시오.
3. 당근은 3cm 정도 크기로 잘라 모
   서리를 다듬어 사용하시오.
4. 완성된 닭찜은 5토막 이상 제출하
   시오.
5. 황·백지단은 완자(마름모꼴)모양
   으로 만들어 고명으로 각 2개씩 얹
   으시오.

지급 재료

닭(300g) 1/2마리, 양파(150g) 1/3개, 당근(7cm) 50g, 검은 후춧가루 2g,
건표고버섯(지름 5cm, 불린 것) 1개, 달걀 1개, 은행(겉껍질 깐 것) 3개,
흰설탕 20g, 대파(흰 부분, 4cm) 1토막, 마늘 2쪽, 생강 10g, 진간장 50mL,
깨소금 5g, 참기름 10mL, 소금 5g, 식용유 30mL

닭찜 양념장

간장 2큰술, 설탕 1큰술, 다진 파·
마늘 1작은술, 생강 약간, 후추·
깨소금 약간, 참기름 1작은술

만들어 볼까요?

1. 냄비에 물을 올려 끓인다.

2. 파, 마늘, 생강을 곱게 다져 양념장을 만든다.

3. 닭은 내장, 기름기를 제거하고 깨끗이 손질한 뒤 4~5cm 길이로 토막 내고 끓는 물에 데쳐내어 양념장에 재워 둔다.

4. 양파는 3~4등분하여 썰어 놓고 당근은 3cm 정도 크기로 잘라 모서리를 다듬고 불린 표고버섯은 크기에 따라 2~4등분한다.

5. 냄비에 닭과 양념장을 2/3 정도 넣고 물 1컵 정도 붓고 당근을 넣어 중불에서 익힌다.

6. 달걀은 황 · 백으로 나누어 소금을 넣고 풀어준 뒤 지단을 부쳐서 마름모꼴로 썰고 은행은 뜨거운 팬에 기름을 두르고 볶아 껍질을 벗겨낸다.

7. 닭이 반쯤 익으면 양파, 표고버섯, 나머지 양념을 넣고 천천히 끓여 닭과 채소, 양념이 어우러지게 한다.

8. 국물이 어느 정도 남았을 때 센 불에서 국물을 끼얹어 가며 윤기나게 조린다.

9. 국물이 거의 조려지면 국물과 함께 그릇에 담고 황 · 백지단과 은행을 고명으로 얹는다.

▲ 닭 데치기

▲ 재료 준비하기

▲ 고명 손질하기

▲ 반쯤 익힌 닭과 채소를 양념으로 조리기

합격
Point!

1. 당근이 익지 않을 경우 채점대상에서 제외되므로 닭찜을 할 때 닭과 당근을 같이 넣어 당근이 충분히 익도록 한다.
2. 양념을 추가로 사용해서 찜의 색깔과 윤기를 더할 수 있다.

북어찜

시험시간 25분

요구사항

주어진 재료를 사용하여 다음과 같이 북어찜을 만드시오.

1. 완성된 북어의 길이는 5cm가 되도록 하시오.
2. 북어찜은 가로로 잘라 3토막 이상 제출하시오(단, 세로로 잘라 3/6토막 제출할 경우 수량부족으로 미완성 처리).

지급 재료

북어포(반을 갈라 말린 껍질이 있는 것, 40g) 1마리, 진간장 30mL, 실고추(10cm, 1~2줄기) 1g, 흰설탕 10g, 대파(흰 부분, 4cm) 1토막, 마늘 2쪽, 생강 5g, 검은 후춧가루 2g, 깨소금 5g, 참기름 5mL

양념간장

진간장 2큰술, 설탕 2작은술, 다진 파 1작은술, 다진 마늘 1/2작은술, 다진 생강 약간, 후추 · 깨소금 · 참기름 적당량씩

만들어 볼까요?

1. 북어포는 물에 충분히 적셔 둔다.

2. 부드럽게 불린 북어포는 머리, 꼬리, 지느러미, 잔가시 등을 제거한 후 6cm 정도의 크기 3토막으로 자른다.

3. 껍질 쪽에 칼집을 넣어 오그라들지 않게 한다.

4. 파, 마늘, 생강을 다져서 간장, 설탕, 깨소금, 참기름, 후추로 양념장을 만든다.

5. 냄비에 북어를 켜켜이 담으면서 양념장을 뿌리고 물을 1/2컵(약 80mL) 정도 자작하게 부은 후 센 불로 끓이다가 약한 불에서 양념을 조금씩 끼얹어 가며 천천히 끓인다.

6. 북어가 잘 무르고 국물이 조금 남았을 때 실고추를 얹고 잠시 뜸을 들여서 그릇에 담는다.

▲ 북어 물에 적시기

▲ 불린 북어의 뼈와 잔가시 제거하기

▲ 껍질에 칼집 넣고 6cm 정도 자르기

▲ 양념장 넣고 끓이기

1. 북어포는 충분히 물에 적셔 손질한다.
2. 손질된 북어는 완성품 길이보다 더 길게 잘라 오그라들지 않도록 껍질 쪽에 칼집을 넣는다.
3. 북어찜을 하는 도중에 국물을 조금 끼얹어가며 졸인다.
4. 북어찜의 색깔에 따라 간장 빛깔을 조절한다.
5. 북어찜은 오래 익히면 크기가 줄어드므로 주의한다.

달걀찜

요구사항

주어진 재료를 사용하여 다음과 같이 달걀찜을 만드시오.

1. 새우젓은 국물만 사용하고 실고추, 실파는 1cm로 썰어 고명으로 사용하시오.
2. 석이버섯은 채 썰어 양념하여 볶아 고명으로 사용하시오.
3. 달걀찜은 중탕하거나 찜통에 찌시오.

지급 재료

달걀 1개, 새우젓 10g, 실파(1뿌리) 20g, 석이버섯(마른 것) 5g, 실고추(10cm, 1~2줄기) 1g, 소금 5g, 참기름 5mL

찜 양념

물 100mL, 새우젓 1작은술, 소금 약간

만들어 볼까요?

1. 석이버섯은 따뜻한 물에 불린다.

2. 달걀은 잘 풀어서 분량의 물을 부어 잘 섞는다.

3. 달걀물에 새우젓은 국물만 면보에 짠 후 섞어 간을 맞추고 체에 내려 찜그릇에 담아 뚜껑이나 포일을 씌운다.

4. 냄비에 물이 따뜻해지면 찜그릇을 넣고 중탕으로 12~15분 정도 쪄 준다.

5. 실고추는 1cm 정도의 길이로 썰고 실파는 푸른 잎 부분을 1cm × 0.1cm로 썬다.

6. 석이버섯은 손으로 비벼 씻은 다음 0.2cm × 1cm로 채 썰어서 소금, 참기름으로 간하여 볶는다.

7. 달걀물이 익으면 실파, 석이버섯, 실고추를 올려 다시 살짝 쪄서 낸다.

▲ 달걀 잘 풀기

▲ 달걀 푼 물을 체에 내리기

▲ 중탕하기

▲ 고명 얹기

1. 달걀 1개의 실량인 50g 정도에 물은 달걀의 2배인 100cc 정도를 부어 체에 내린다.
2. 새우젓 국물은 달걀 1개 분량에 1작은술 정도만 넣으면 적당하다.
3. 불이 세면 달걀 표면이 거칠어지므로 불은 최대한 약불에서 익힌다.
4. 냄비 속에 젖은 행주를 깔고 찜그릇을 중탕하면 달걀물이 흔들리지 않고 곱게 쪄진다.
5. 시험장에 스테인리스 그릇이 제시되었을 경우 스테인리스 그릇을 중탕할 때 이용한다.

오이선

시험시간
25분

요구사항

주어진 재료를 사용하여 다음과 같이
오이선을 만드시오.

1. 오이를 길이로 1/2등분한 후, 4cm
   간격으로 어슷하게 썰어 4개를 만
   드시오(반원모양).
2. 일정한 간격으로 3군데 칼집을 넣
   고 부재료를 일정량씩 색을 맞춰
   끼우시오(단, 달걀은 황 · 백으로 분
   리하여 사용하시오).
3. 단촛물을 오이선에 끼얹어 내시오.

지급 재료

오이(20cm) 1/2개, 소고기(살코기) 20g, 건표고버섯(지름 5cm, 불린 것) 1개,
달걀 1개, 참기름 5mL, 검은 후춧가루 1g, 소금 20g, 진간장 5mL, 흰설탕 5g,
식용유 15mL, 깨소금 5g, 식초 10mL, 대파(흰 부분, 4cm) 1토막, 마늘 1쪽

촛물(단촛물)

설탕 1큰술, 소금 1/2작은술,
식초 1큰술

소고기 양념장

간장 1작은술, 설탕 1/2작은술,
다진 파 · 마늘 약간씩, 후추 ·
깨소금 · 참기름 약간씩

만들어 볼까요?

1. 오이는 소금으로 비벼 깨끗이 씻은 후 길이로 반 갈라 4cm 길이로 어슷하게 썰고 세 번 칼집을 어슷하게 넣어 소금불에 절인다.

▲ 오이 어슷썰고 칼집내기

2. 파, 마늘은 곱게 다진다.

3. 소고기는 2~3cm 이내로 곱게 채 썰어서 양념에 무친다.

4. 불린 표고는 물기를 제거하고 두꺼우면 얇게 저며 고운 채로 썰어 간(간장, 설탕, 참기름)한다.

▲ 소금물에 오이 절이기

5. 달걀은 황·백으로 분리하여 소금으로 간하여 지단을 부친다.

6. 소금에 절인 오이는 물기를 제거하고 기름 두른 뜨거운 팬에 파랗게 볶고 양념한 표고와 소고기도 볶는다.

7. 달걀지단은 오이 크기에 따라 길이 2~3cm, 폭 0.1cm 정도로 자른다.

▲ 재료 준비하기

8. 오이 칼집 속에 황·백지단은 각각 끼우고 소고기와 표고는 섞어서 끼운다.

9. 촛물을 만들어 완성된 오이선 위에 끼얹는다.

▲ 오이 칼집 속에 지단 끼우기

합격 Point!

1. 오이선의 칼집은 일정한 간격으로 내고 속재료는 곱고 가늘게 채썰어야 모양이 보기 좋다.
2. 촛물은 내기 직전에 끼얹어야 오이의 색이 변색되지 않는다.
3. 오이는 약간 따뜻한 물에 불려야 잘 절여지고 그래야 소를 끼울 때 갈라지지 않는다.

호박선

시험시간 35분

요구사항

주어진 재료를 사용하여 다음과 같이 호박선을 만드시오.

1. 애호박은 길이로 반을 갈라서 4cm 길이로 어슷썰기를 한 후 3번 칼집을 넣어 소금물에 살짝 절여 사용하시오.
2. 소고기, 표고버섯, 당근은 곱게 채 썰어 양념하시오.
3. 황·백지단은 0.1cm×0.1cm×2cm, 실고추는 2cm, 잣은 반으로 쪼개어 (비늘잣) 석이버섯과 함께 고명으로 얹으시오.
4. 완성된 호박선은 2개를 겨자장과 함께 제출하시오.
※ 호박을 열십(十)자로 칼집을 내어 제출하는 경우는 오작으로 처리

지급 재료

애호박(1/2개 가는 것) 150g, 소고기(살코기) 20g, 진간장 10mL, 대파(흰 부분, 4cm) 1토막, 마늘 1쪽, 건표고버섯(지름 5cm, 불린 것) 1개, 검은 후춧가루 1g, 깨소금 5g, 참기름 5mL, 당근(7cm) 50g, 달걀 1개, 실고추(10cm, 1~2줄기) 1g, 겨자가루 5g, 석이버섯(마른 것) 5g, 잣 3개, 소금 10g, 식초 5mL, 흰설탕 10g, 식용유 10mL

소고기 양념장

간장 1작은술, 설탕 1/2작은술, 다진 파·마늘, 후추·깨소금 약간, 참기름 1작은술

겨자즙

겨자 갠 것 1작은술, 설탕 2작은술, 소금 1/4작은술, 식초 2작은술

만들어 볼까요?

1. 냄비에 물을 올려 끓인다.

2. 겨자가루는 따뜻한 물에 개어 발효시킨다.

3. 호박은 길이로 반 가르고 4cm 길이로 잘라서 어슷하게 3번 칼집을 내어 소금물에 절인다.

▲ 호박을 어슷썰어 칼집 넣기

4. 석이버섯은 뜨거운 물에 불리고 채 썬다. 파, 마늘은 곱게 다진다.

5. 당근은 호박 길이와 비슷한 채로 썰고 소금 넣은 물에 살짝 데쳐 놓는다. 소고기와 표고버섯도 곱게 채를 썰어 양념한다(표고버섯은 간장, 설탕, 참기름으로 간한다).

▲ 재료 준비하기

6. 달걀은 황 · 백으로 분리해서 지단을 부쳐 0.1cm × 0.1cm × 2cm로 채 썰고, 실고추는 2cm로 짧게 끊어 놓는다.

7. 절인 호박은 물기를 제거하고 소고기에 표고버섯과 당근을 섞어 소를 만들어 호박 칼집 사이에 끼워 넣는다.

8. 냄비에 호박을 넣어 물이 반쯤 잠길 정도로 붓고 소금으로 간을 맞춘 후 국물이 조금 남을 정도로 익힌다.

▲ 호박 칼집에 소 끼워넣기

9. 익힌 호박에 국물을 끼얹고 황 · 백지단채, 석이버섯채, 실고추, 잣을 고명으로 얹는다.

10. 겨자즙을 만들고 곁들여 낸다.

▲ 호박 익히기

1. 호박의 속 재료는 당근만 미리 익히고 소고기와 표고버섯은 호박 칼집 사이에 끼운 후 찜할 때 익힌다.
2. 속 재료는 곱고 짧게 채 썰어야 칼집 사이에 쉽게 끼울 수 있고 완성 시 보기가 좋다.
3. 오이선은 속 재료를 볶아 끼워 완성하지만 호박선은 볶아 끼우면 절대 안 된다(오작처리).

어선

시험시간 50분

요구사항

주어진 재료를 사용하여 다음과 같이 어선을 만드시오.

1. 생선살은 어슷하게 포를 떠서 사용 하시오.
2. 돌려깎은 오이, 당근, 표고버섯은 채 썰어 볶아 사용하고, 달걀은 황 · 백지단채로 사용하시오.
3. 어선은 속재료가 중앙에 위치하도 록 하여 지름 3cm, 두께 2cm로 6개 를 제출하시오.

지급 재료

동태(500~800g) 1마리, 달걀 1개, 당근(7cm) 50g, 녹말가루 30g, 건표고버섯(지름 5cm, 불린 것) 2개, 오이(20cm) 1/3개, 흰설탕 15g, 생강 10g, 소금 10g, 흰 후춧가루 2g, 진간장 20mL, 참기름 5mL, 식용유 30mL

생선살 밑간

소금 · 흰 후춧가루 · 생강즙 약간

표고 양념

간장 · 설탕 · 참기름 약간

만들어 볼까요?

1. 동태는 머리, 비늘, 내장, 지느러미 등을 제거하여 깨끗이 씻어 물기를 닦고 세장 뜨기한다.

2. 생선의 껍질이 도마에 닿게 두고 꼬리 쪽에 칼을 넣어 칼은 밀고 왼손으로 껍질을 당기면서 껍질을 벗긴다.

3. 손질한 생선은 얇고 어슷하게 포를 떠서 소금, 흰 후추, 생강즙을 뿌려둔다.

4. 오이는 돌려깎기하여 채 썰어 소금에 절인 후 물기를 제거하고 당근도 채 썰어 준비한다.

5. 물에 불린 표고버섯은 기둥을 떼고 채 썰어 간장, 설탕, 참기름에 무친다.

6. 달걀은 황·백으로 나누어 약간의 소금을 넣고 부친 후 채 썬다.

7. 팬에 기름을 두르고 뜨거워지면 오이, 당근(소금), 표고를 각각 볶아낸다.

8. 도마에 대발을 놓고 그 위에 젖은 면보를 깐 다음 생선살을 빈틈없이 펴서 녹말가루를 뿌린 후 볶아 놓은 재료들을 색을 맞추어 가지런히 놓고 직경 3cm 정도로 말아 김이 오른 찜통에 약 10~13분쯤 쪄준다.

9. 식으면 2cm 두께로 6개 잘라서 접시에 보기 좋게 담아낸다.

▲ 생선살 포 뜨기

▲ 재료 썰기

▲ 생선살에 재료 얹고 말기

▲ 찜통에서 찌기

합격 Point!

1. 생선살 위에 녹말가루를 너무 많이 뿌리면 생선살이 익지 않은 것처럼 보인다.
2. 어선 속에 들어가는 재료들은 색깔이 선명하도록 볶는다.
3. 생선의 껍질을 잘 벗기려면 지느러미에서 3mm 안쪽에 길게 칼집을 넣는다.

북어보푸라기

시험시간 20분

요구사항

주어진 재료를 사용하여 다음과 같이 북어보푸라기를 만드시오.

1. 북어보푸라기는 소금, 간장, 고춧가루로 양념하시오(단, 고추기름은 사용하지 마시오).
2. 북어보푸라기는 삼색의 구분이 뚜렷하게 하시오.
3. 북어포살은 전량 사용하시오.

지급 재료

북어포(반을 갈라 말린 껍질이 있는 것, 40g) 1마리, 소금 5g, 흰설탕 10g, 고춧가루(고운 것) 10g, 깨소금 5g, 참기름 15mL, 진간장 5mL

만들어 볼까요?

1. 북어포는 머리를 떼어내고 뼈와 가시를 발라내고 강판에 갈아 손으로 비벼서 부드럽게 만들어 3등분한다.

2. 고춧가루는 고운 체에 내려 준비한다.

3. 셋으로 나눈 보푸라기는 각각 양념하여 삼색을 뚜렷하게 한다.
   • 흰색 양념 : 소금, 설탕, 참기름, 깨소금
   • 간장 양념 : 간장, 설탕, 참기름, 깨소금
   • 붉은색 양념 : 소금, 설탕, 고춧가루, 참기름, 깨소금
   각각 양념을 넣어 비벼서 보슬보슬하게 무친다.

4. 삼색의 북어보푸라기를 한 접시에 담아 낸다.

▲ 강판에 북어 갈기

▲ 간장 양념에 북어보푸라기 무치기

▲ 붉은색 양념에 북어보푸라기 무치기

▲ 그릇에 담기

1. 완성된 북어보푸라기는 삼색의 구분이 뚜렷하게 한다.
2. 보푸라기 양이 일정하려면 간장 양념에 양을 조금 많게 한다.
3. 북어포가 너무 말랐을 때는 젖은 면보에 잠시 싸둔 뒤 강판에 간다.

무숙장아찌

시험시간 **25분**

요구사항

주어진 재료를 사용하여 다음과 같이
무숙장아찌를 만드시오.

1. 무는 0.6cm×0.6cm×5cm로 써
   시오.
2. 소고기는 0.3cm×0.3cm×4cm로
   써시오.
3. 미나리는 4cm로 써시오.
4. 무숙장아찌는 무의 색이 지나치게
   검어지지 않도록 하여 80g 이상 제
   출하시오.

※ 요구사항에 g수가 제시된 경우 내
   는 양에 주의하세요.

지급 재료

무(6cm) 120g, 미나리(줄기 부분) 20g, 대파(흰 부분, 4cm) 1토막, 마늘 1쪽,
소고기(살코기) 30g, 식용유 30mL, 진간장 50mL, 깨소금 5g, 참기름 5mL,
흰설탕 5g, 검은 후춧가루 1g, 실고추(10cm, 1~2줄기) 1g

고기 양념

간장 1/2작은술, 설탕, 다진 파 ·
마늘, 깨소금 · 참기름 약간, 후추

만들어 볼까요?

1. 무를 길이 5cm, 폭 0.6cm, 두께 0.6cm로 썰어 진간장에 절인다.

2. 싱거워진 간장을 따라내고 불에 올려 살짝 끓여 식은 후 다시 무를 절인다.

3. 파, 마늘을 곱게 다진다.

4. 소고기는 길이 4cm, 폭 0.3cm, 두께 0.3cm로 채 썰어 양념해 둔다.

5. 미나리는 뿌리와 잎은 따고 줄기만 4cm 길이로 썰어 놓는다.

6. 간장에 절인 무는 곱게 물이 들면 건져 물기를 짠다.

7. 팬에 기름을 두르고 소고기가 어느 정도 볶아지면 무를 넣고 볶다가 미나리를 함께 넣고 볶은 후 완성 접시에 담고, 실고추를 잘라 위에 보기 좋게 올린다.

▲ 무를 진간장에 절이기

▲ 재료 준비하기

▲ 소고기와 무 볶기

▲ 그릇에 담기

합격 Point!

1. 무의 크기를 일정하게 썰고 간장물을 끓여 식혀서 재우면 무가 빨리 물이 든다.
2. 무의 색이 검게 되지 않도록 중간에 절인 무의 물기를 짜 본다.
3. 무숙장아찌는 무를 나무 막대모양으로 썰고 간장에 절여 버섯과 소고기 등의 재료와 함께 기름에 볶은 장아찌이다.
4. 기름이 많지 않으면 재료를 볶을 때 참기름을 넣어 윤기나게 볶는다.

오이숙장아찌

시험시간 **25분**

요구사항

주어진 재료를 사용하여 다음과 같이
오이숙장아찌를 만드시오.

1. 오이는 0.5cm×0.5cm×5cm 정도,
   소고기는 0.3cm×0.3cm×4cm 정
   도, 표고버섯은 0.3cm 정도 크기의
   폭으로 써시오.
2. 오이, 소고기, 표고버섯은 각각 조
   리하여 함께 무쳐 50g 이상 제출하
   시오.
※ 요구사항에 g수가 제시된 경우 내
   는 양에 주의하세요.

지급 재료

오이(가는 것, 20cm) 1/2개, 소고기(살코기) 30g, 건표고버섯(지름 5cm, 불린 것) 1개,
대파(흰 부분, 4cm) 1토막, 마늘 1쪽, 소금 5g, 식용유 30mL, 진간장 20mL,
깨소금 5g, 참기름 5mL, 검은 후춧가루 1g, 실고추(10cm, 1~2줄기) 1g, 흰설탕 5g

고기 양념

간장 1/2작은술, 설탕, 다진 파 ·
마늘, 깨소금 · 후추 · 참기름 약간

만들어 볼까요?

1. 오이는 소금으로 문질러 씻은 후 길이 5cm, 폭 0.5cm, 두께 0.5cm 정도의 나무젓가락 모양으로 썰어 소금물에 절인다.

2. 파, 마늘을 곱게 다져 놓는다.

3. 소고기는 길이 4cm, 두께와 폭은 0.3cm로 썰어 양념한다.

4. 불린 표고버섯은 기둥을 떼고 두꺼우면 얇게 저며 채 썰어 양념(간장, 설탕, 참기름)한다.

5. 절인 오이는 물기를 제거한 후 기름 두른 팬을 달구어 파랗게 볶아 낸다.

6. 표고버섯, 소고기 순으로 각각 볶아 익으면 볶아놓은 오이, 실고추, 참기름으로 버무려 접시에 담아낸다.

▲ 오이 썰기

▲ 오이를 소금에 절이기

▲ 재료 준비하기

▲ 절인 오이를 소고기, 표고버섯과 함께 볶기

1. 절인 오이는 물기를 제거하고 볶아낸다.
2. 오이는 센불에서 살짝 볶아야 색깔이 곱고 아삭거린다.

보쌈김치

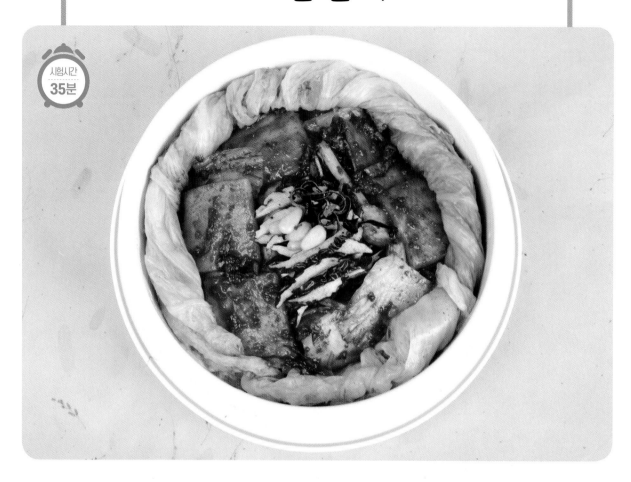

시험시간
35분

요구사항

주어진 재료를 사용하여 다음과 같이 보쌈김치를 만드시오.

1. 무·배추는 0.3cm×3cm×3cm 나박 썰기, 배·밤은 편 썰기, 미나리·갓·파·낙지는 3cm로 썰어 굴, 마늘채, 생강채와 함께 김치 속으로 사용하시오.
2. 그릇 바닥을 배추로 덮은 후, 내용물을 담고 배춧잎의 끝을 바깥쪽으로 모양있게 접어 넣어 내용물이 보이도록 하여 제출하시오.
3. 석이, 대추, 잣은 고명으로 얹으시오.
4. 보쌈김치에 국물을 만들어 부으시오.

지급 재료

절인 배추(500g) 1/6포기, 무(3cm 이상) 50g, 밤(생 것, 껍질 깐 것) 1개, 배(30g) 1/10개, 실파(1뿌리) 20g, 마늘 2쪽, 생강 5g, 미나리(줄기 부분) 30g, 대추(마른 것) 1개, 갓(적겨자 대체 가능) 20g, 석이버섯(마른 것) 5g, 잣 5개, 생굴(껍질 벗긴 것) 20g, 낙지다리(다리 1개 정도) 50g, 고춧가루 20g, 새우젓 20g, 소금 5g

만들어 볼까요?

1. 절인 배추는 깨끗이 씻은 다음 잎 부분은 보자기용으로 자르고, 윗줄기 부분은 3cm × 3cm 길이로 자른다.

2. 무는 배추와 같이 0.3cm × 3cm × 3cm로 썰어 소금에 절이고, 밤은 납작하게 편 썬다.

3. 마늘 · 생강은 채 썰고 배는 무와 같은 크기로 썬다. 미나리, 갓, 실파는 3cm 길이로 썰고, 낙지와 굴은 소금물에 씻고 낙지는 3cm로 자른다.

4. 대추는 씨를 제거하여 채를 썰고, 석이버섯은 손질하여 채 썰고, 잣은 고깔을 떼어 놓는다.

5. 고춧가루에 마늘, 생강, 젓국(새우젓), 소금을 넣어 양념을 고루 섞어 놓는다.

6. 배추와 무에 **5.**의 양념을 넣어 버무린 후 배, 갓, 미나리, 실파, 굴, 낙지를 넣어 버무리면서 간을 맞춘다.

7. 절인 배춧잎을 오목한 그릇에 겹치게 깔고 **6.**의 소를 놓고 그 위에 석이채, 대추채, 잣을 고명으로 얹고, 가장자리의 배춧잎을 말아 넣은 다음 내용물이 보이도록 한다.

8. 속을 버무린 그릇에 물을 부어 김칫국물을 만들고 보쌈김치에 적당히 부어낸다.

▲ 배춧잎 썰기

▲ 재료 준비하기

▲ 절인 배춧잎 그릇에 깔기

▲ 만들어 놓은 소 담기

합격 Point!

1. 시험장에서 절인 배추가 나오지만 덜 절여졌으면 조금 더 절인다.
2. 고추양념은 고춧가루를 미리 불려 버무리면 김치양념 색이 곱다.

화전

시험시간 20분

요구사항

주어진 재료를 사용하여 다음과 같이 화전을 만드시오.

1. 화전의 직경은 5cm, 두께는 0.4cm 로 만드시오.
2. 시럽을 사용하고 화전 5개를 제출 하시오.

지급 재료

젖은 찹쌀가루(방앗간에서 빻은 것) 100g, 소금 5g, 대추(마른 것) 1개, 쑥갓 10g, 흰설탕 40g, 식용유 10mL

시럽

물 5큰술, 설탕 5큰술

만들어 볼까요?

1. 냄비에 물을 먼저 끓인다. 쑥갓 잎은 떼어 찬물에 담근다.

2. 물과 설탕을 동량으로 넣어 약한 불에서 서서히 끓여 반 정도로 졸인다.

3. 찹쌀가루를 뜨거운 물로 익반죽하여 젖은 면보로 덮어 둔다.

4. 물에 씻은 대추는 돌려깎기하여 씨를 제거한 후 돌돌 말아 둥글게 썰어 준비한다.

5. 반죽은 지름 5cm, 두께 0.4cm로 둥글납작하게 빚어 팬에 기름을 두르고 지져서 한 면이 익으면 뒤집어 대추와 쑥갓 잎을 붙여 모양내서 지진다.

6. 접시에 화전을 놓고 시럽을 끼얹어 낸다.

▲ 찹쌀가루 익반죽하기

▲ 재료 준비하기

▲ 반죽 빚기

▲ 반죽에 대추와 쑥갓 얹어 지지기

합격 Point!

1. 설탕시럽은 끓이는 도중에 저으면 설탕으로 굳어지므로 젓지 않는다.
2. 화전을 지질 때는 약불에서 색깔이 나오지 않도록 투명하게 지진다.

매작과

요구사항

주어진 재료를 사용하여 다음과 같이 매작과를 만드시오.

1. 매작과는 크기가 균일하게 2cm× 5cm×0.3cm 정도로 만드시오.
2. 매작과 모양은 중앙에 세 군데 칼 집을 넣어 모양을 내시오.
3. 시럽을 사용하고 잣가루를 뿌려 10개를 제출하시오.

지급 재료

밀가루(중력분) 50g, 소금 5g, 생강 10g, 잣 5개, 식용유 300mL, A4용지 1장, 흰설탕 40g

시럽

물 5큰술, 설탕 5큰술

만들어 볼까요?

1. 설탕시럽은 물과 설탕을 동량으로 넣어 반으로 졸여 놓는다.

2. 밀가루를 체에 친 다음 소금, 생강즙, 물과 함께 섞어 되직하게 반죽하여 비닐에 싸 놓는다.

3. 매작과 반죽은 방망이로 밀어서 길이 5cm, 폭 2cm, 두께 0.3cm로 잘라 중심에 칼집을 내천(川)자처럼 세 군데 칼집을 넣어 가운데로 한번 뒤집는다.

4. 기름온도는 120~130℃ 정도가 되면 매작과를 넣어 튀기면서 서서히 온도를 높여 노릇하게 튀겨낸다.

5. 잣은 고깔을 떼고 면보로 닦아서 종이 위에서 보슬보슬하게 다져놓는다.

6. 튀긴 매작과는 설탕시럽에 담갔다가 건져 접시에 담고, 잣가루를 뿌려낸다.

▲ 밀가루 반죽 자르기

▲ 반죽을 잘라 칼집 넣기

▲ 기름온도 맞춘 뒤 튀기기

▲ 그릇에 담아 잣가루 뿌리기

합격 Point!

1. 생강즙 만드는 법은 강판에 갈아 면보에 짜는 방법과 생강을 곱게 다져 물에 섞어 즙을 내는 방법이 있다.
2. 매작과는 낮은 온도에서 튀기면서 온도를 높여야 기포가 덜 생긴다.
3. 기름온도는 반죽 자투리로 이용하면 측정하기 쉽다.

배숙

요구사항

주어진 재료를 사용하여 다음과 같이
배숙을 만드시오.

1. 배의 모양과 크기는 일정하게 3쪽
   이상을 만들고 등쪽에 통후추를 박
   으시오(단, 지급된 배의 크기에 따
   라 완성품을 만든다).
2. 국물은 생강과 설탕의 맛이 나도록
   하고, 양은 200mL 제출하시오.
3. 배가 국물에 떠 있는 농도로 하시오.
※ 요구사항에 mL수가 제시된 경우
   내는 양에 주의하세요.

지급 재료

배(150g) 1/4개, 통후추 15개, 생강 30g, 황설탕 30g, 잣 3개, 흰설탕 20g

만들어 볼까요?

1. 생강은 껍질을 벗겨 얇게 저미며 물 3컵 정도 넣고 끓인다.

2. 배는 3등분하여 씨를 반듯하게 제거한 후 모서리를 다듬는다.

3. 다듬은 배의 등 쪽에 통후추를 3개씩 깊숙이 박는다.

4. 끓인 생강물을 체에 걸러 냄비에 담고, 설탕과 배를 넣어 서서히 끓인다.

5. 배가 투명하게 익으면 식혀서 그릇에 담고, 고깔을 뗀 잣을 띄운다.

▲ 생강 끓이기

▲ 배를 3등분하여 다듬기

▲ 배의 등쪽에 통후추 박기

▲ 생강물에 설탕과 배 넣고 끓이기

합격
Point!

1. 배숙의 양, 색, 맛을 맞추어 완성한다.
2. 배숙은 그릇에 담았을 때 배가 뜨면 당도가 알맞은 것이다.
3. 배숙의 색은 황설탕, 맛은 흰설탕으로 낸다.
4. 제시된 국물양이 정확히 나올 수 있게 주의한다.

소고기전골

시험시간 **30분**

요구사항

주어진 재료를 사용하여 다음과 같이
소고기전골을 만드시오.

1. 소고기는 육수와 전골용으로 나누어 사용
하시오.
2. 전골용 소고기는 0.5cm×0.5cm×5cm
정도 크기로 썰어 양념하여 사용하시오.
3. 양파는 0.5cm 정도 폭으로, 실파는 5cm
정도 길이로, 나머지 채소는 0.5cm×
0.5cm×5cm 정도 크기로 채 썰고, 숙주
는 거두절미하여 데쳐서 양념하시오.
4. 모든 재료를 돌려 담아 소고기를 중앙에
놓고 육수를 부어 끓인 후 달걀을 올려
반숙이 되게 끓여 잣을 얹어내시오.

지급 재료

소고기(살코기) 70g, 소고기(사태부위) 30g, 건표고버섯(불린 것) 3장,
숙주(생 것) 50g, 무(5cm) 60g, 당근(5cm) 40g, 양파(150g) 1/4개,
실파(2뿌리) 40g, 달걀 1개, 잣 10알, 대파(흰 부분, 4cm) 1토막, 마늘 2쪽,
진간장 10mL, 흰설탕 5g, 깨소금 5g, 참기름 5mL, 소금 10g, 검은 후춧가루 1g

고기 양념

간장, 설탕, 다진 파·마늘,
깨소금, 후춧가루, 참기름

만들어 볼까요?

1. 재료는 깨끗하게 씻어 준비한다.

2. 소고기 사태부위는 핏물을 제거하여 일부 자른 대파와 마늘을 넣어 육수를 만든다.

3. 전골용 소고기는 두께 0.5cm × 0.5cm × 5cm 정도 길이로 채 썰고 파 · 마늘은 곱게 다져 양념한다.

4. 표고버섯은 소고기와 같은 크기로 썰어 양념(간장, 설탕, 참기름) 한다.

5. 숙주는 거두절미하여 끓는 물에 데쳐서 소금과 참기름으로 무친다.

6. 양파는 0.5cm 정도 폭으로 썰고, 실파는 5cm 정도 길이로, 무와 당근은 두께 0.5cm × 0.5cm × 5cm 정도 크기로 채 썬다.

7. 전골냄비에 모든 재료를 보기 좋게 돌려 담고 소고기는 중앙에 놓고 육수를 부어 끓인다.

8. 잣은 고깔을 떼어 준비한다.

9. 전골에 간장으로 색을 내고 소금으로 간을 맞추어 끓이면서 달걀을 올려 반숙이 되게 끓여 잣을 고명으로 얹는다.

▲ 채소 썰기

▲ 들어갈 채소 준비하기

▲ 모든 재료를 냄비에 돌려 담기

▲ 육수 넣고 끓이기

합격 Point!

1. 소고기 육수는 끓여 소창(면보)에 걸러 사용한다.
2. 소고기 채는 익히면 굵기가 두꺼워지므로 익히기 전에는 가늘게 썬다.
3. 육수는 전골냄비 크기에 맞추어 재료의 9부 정도 부어 끓인다.
4. 달걀은 반숙이 되게 익힌다.

두부전골

시험시간 40분

요구사항

주어진 재료를 사용하여 다음과 같이 두부전골을 만드시오.

1. 두부의 길이는 3cm×4cm×0.8cm 정도 크기 7개를 녹말을 무쳐 지져서 전골에 돌려 담으시오.
2. 소고기는 육수와 완자용으로 나누어 사용하고, 완자는 두부와 소고기를 섞어 지름 1.5cm 정도 크기로 5개 만들어 지져서 사용하시오.
3. 달걀은 황·백지단으로 5cm×1.2cm 정도 크기로 써시오.
4. 채소는 5cm×1.2cm×0.5cm 정도 크기로 썰어 사용하고 무, 당근은 데치고 거두절미한 숙주는 데쳐서 양념하시오.
5. 재료를 색 맞추어 돌려 담고 가운데에 두부를 돌려 담아 완자를 중앙에 놓고 육수를 부어 끓여내시오.

지급 재료

두부 200g, 소고기(살코기) 30g, 소고기(사태부위) 20g, 무(5cm 이상) 60g, 당근(5cm 이상) 60g, 실파(2뿌리) 40g, 숙주(생 것) 50g, 건표고버섯(불린 것) 2개, 달걀 2개, 마늘 3쪽, 대파(흰 부분, 4cm) 1토막, 진간장 20mL, 소금 5g, 참기름 5mL, 식용유 20mL, 밀가루(중력분) 20g, 녹말가루(감자전분) 20g, 검은 후춧가루 2g, 깨소금 5g, 키친타월(소 18×20cm) 1장

완자 고기 양념

소금, 다진 파·마늘, 후추, 깨소금, 참기름

만들어 볼까요?

1. 재료는 깨끗이 씻어 준비한다.

2. 소고기는 핏물을 제거하여 사태부위는 대파, 마늘을 넣어 육수를 만들고, 나머지 고기는 곱게 다진다.

3. 두부는 길이 3cm × 4cm × 0.8cm 정도 크기로 썰어 소금을 약간 뿌렸다가 물기를 제거하고, 녹말가루를 묻혀 노릇하게 지진다.

4. 숙주는 머리와 꼬리를 떼고 끓는 물에 소금 약간 넣고 데쳐 소금과 참기름으로 양념한다.

5. 무, 당근, 실파, 불린 표고버섯은 길이 5cm, 폭 1.2cm, 두께 0.5cm로 썰어 무, 당근은 소금 넣은 냄비에 데치고 표고버섯은 간장, 참기름으로 양념한다.

6. 달걀은 황·백지단을 부쳐 길이 5cm, 폭 1.2cm 크기로 썬다.

7. 곱게 다진 소고기와 으깨어 물기를 제거한 두부를 조금 넣고 양념하여 지름 1.5cm 정도 크기로 완자를 빚어 밀가루, 달걀물을 묻혀 지져낸다.

8. 전골냄비에 나머지 무를 깔고 모든 재료를 색 맞추어 담고 진간장, 소금을 넣은 육수를 붓고 완자를 중앙에 넣어 끓여 낸다.

▲ 두부를 썰어 소금 약간 뿌리기

▲ 무와 당근 썰어 데치기

▲ 완자 만들어 지져내기

▲ 모든 재료를 냄비에 돌려 담기

합격 Point!

1. 소고기 육수는 끓여 소창(면보)에 걸러 사용한다.
2. 육수는 전골냄비 크기와 재료 양에 맞게 부어 끓인다.
3. 전골 끓이는 도중에 불순물을 제거한다.
4. 완자 숫자(5개)에 유의하고, 익힌 완자는 마지막에 넣어 살짝만 익힌다(5개 이상은 상관없다).
5. 두부는 녹말가루를 묻혀서 바로 지진다(녹말가루를 묻혀서 오래두면 접시 바닥에 붙어 잘 떨어지지 않아 두부가 부스러진다).

채소튀김

요구사항

주어진 재료를 사용하여 다음과 같이 채소튀김을 만드시오.

1. 단호박은 길이로 잘라 씨와 속을 긁어내고 0.3cm 두께로 자르시오.
2. 고구마는 0.3cm 두께 원형으로 잘라 전분기를 제거하여 사용하시오.
3. 깻잎은 찬물에 담가 두었다가 물기를 제거하고 사용하시오.
4. 밀가루와 달걀을 섞어 반죽을 만들고, 튀김은 각 3개씩 제출하시오.
5. 초간장에 잣가루를 뿌려 곁들여 내시오.

지급 재료

단호박 100g, 고구마 100g, 깻잎 3장, 밀가루(박력분) 100g, 달걀 1개, 식용유 500mL, 진간장 10mL, 흰설탕 5g, 식초 10mL, 잣 2알, A4용지 1장, 키친타월(소 18×20cm) 2장

초간장

간장 1큰술, 설탕 1/2큰술, 식초 1큰술

만들어 볼까요?

1. 재료는 깨끗하게 씻어 준비한다.

2. 고구마는 0.3m 두께 원형으로 썰어 찬물에 담가 전분기를 빼고 물기를 제거한다.

3. 단호박은 길이로 잘라 껍질을 벗기고 속을 긁어내어 0.3cm 두께로 자른다.

4. 깻잎은 찬물에 담가 두었다가 물기를 제거한다.

5. 밀가루와 달걀물을 넣고 튀김 반죽을 만든다.

6. 깻잎, 고구마, 단호박에 밀가루 옷을 입혀 가볍게 턴 후 튀김옷을 입혀 150~170℃ 온도에서 튀긴다.

7. 튀긴 재료는 기름기를 제거한 후 완성 접시에 담는다.

8. 초간장을 만들고 곱게 다진 잣가루를 위에 뿌려 곁들여 낸다.

▲ 단호박 손질하기

▲ 재료 준비하기

▲ 튀김 반죽 만들기

▲ 채소 튀기기

1. 튀김 재료는 물기를 잘 제거한다.
2. 기름 온도는 낮은 온도에서 튀기다가 서서히 온도를 높여 튀긴다.

CRAFTSMAN COOK KOREAN FOOD

언제, 어디서나 가볍게 들고 다닐 수 있는 레시피 핵심노트를 준비했습니다.
휴대하기 좋은 사이즈에, 33가지의 요리 레시피를 알차게 담았습니다.
무거운 책 없이도, 실선을 따라 자르기만 하면 나만의 합격노트 완성!
시험장에서 마지막까지 함께하세요!

한식조리기능사 핵심노트

절취선을 따라 재단하면
간단하고 편리한
핵심노트가 만들어집니다!

콩나물밥

1 쌀은 깨끗이 씻어 불린 뒤 물기를 빼서 준비한다.

2 콩나물은 깨끗이 꼬리를 다듬고 씻어 물기를 뺀다.

3 파, 마늘은 곱게 다진다.

4 소고기는 핏물을 빼고, 채 썰어 양념한다.

5 불린 쌀에 동량의 물을 붓고 콩나물과 양념한 소고기를 얹은 다음 밥을 짓는다.

6 충분히 뜸을 들인 후 고루 섞어서 그릇에 담는다.

시험시간 **30분**

비빔밥

1 불린 쌀에 분량의 밥물을 부어 밥을 고슬고슬하게 지어 놓는다.

2 애호박은 돌려깎기하여 0.3cm×0.3cm×5cm로 채 썰어 소금에 절여 물기를 짜 둔다. 도라지도 같은 크기로 채 썰어 소금을 뿌려 주물러서 씻어 쓴맛을 뺀다.

3 파, 마늘은 곱게 다진다.

4 소고기 일부는 채 썰어 양념하고 나머지는 다져서 양념하여 볶은 고추장으로 사용한다.

5 고사리의 딱딱한 줄기는 잘라내고 5cm 길이로 잘라 양념해 둔다.

6 청포묵은 0.5cm×0.5cm×5cm로 채 썰어 끓는 물에 데치고 찬물을 끼얹어 물기를 뺀 후 참기름으로 무쳐 둔다.

7 달걀은 황·백으로 나누어 약간의 소금을 넣고 지단을 부쳐 5cm 길이로 채 썬다.

8 팬에 기름을 두르고 도라지, 애호박, 고사리, 소고기 순으로 볶는다.

9 팬에 양념한 다진 소고기를 볶다가 고추장, 설탕, 참기름을 넣어 부드럽게 볶아서 볶은 고추장을 만든다.

10 다시마는 기름에 튀겨서 잘게 부순다.

11 밥 위에 준비한 재료를 색 맞추어 돌려 담은 뒤 볶은 고추장, 튀긴 다시마를 얹어 낸다.

시험시간 **50분**

장국죽

1 쌀은 씻어 불려 건져 싸라기 정도로 부순다.

2 파, 마늘은 곱게 다져 둔다.

3 소고기는 다지고, 불린 표고버섯은 기둥을 떼고 3cm 길이로 채 썰어 양념한다.

4 냄비에 참기름을 두르고 소고기, 표고버섯 순으로 넣고 볶다가 쌀을 넣어 볶는다.

5 쌀 분량(1/2컵)의 6배(3컵)의 물을 붓고 처음에는 센 불에서 끓이다가 불을 낮추어 쌀이 퍼질 때까지 눌어붙지 않도록 가끔씩 나무주걱으로 저으면서 끓인다.

6 죽이 잘 퍼지면 국간장으로 색과 간을 맞추어 마무리한다.

시험시간 **30분**

두부젓국찌개

1 냄비에 물 1.5~2컵 정도를 올려 끓인다.

2 굴은 연한 소금물에 흔들어 씻은 다음 굴껍질을 골라 건져 놓는다.

3 두부는 폭과 길이 2cm×3cm, 두께 1cm로 썬다. 실파는 3cm 길이로 썰고 홍고추는 씨를 제거하여 0.5cm×3cm의 크기로 썬다(통썰기 하지 않는다).

4 마늘은 곱게 다지고, 새우젓은 건더기를 곱게 다져 면보에 짜서 국물만 사용한다.

5 끓는 물에 두부를 먼저 넣고 잠깐 더 끓인 후 굴, 다진 마늘, 홍고추, 실파를 넣고 끓인다.

6 마지막에 새우젓 국물과 소금을 살짝 넣어 간을 맞춘 다음 불을 끄고 참기름을 떨어뜨려 그릇에 담아낸다.

시험시간 **20분**

생선찌개

1 생선은 지느러미와 비늘을 제거한 후 내장의 먹는 부분을 골라낸다. 아가미, 쓸개는 제거한다. 생선은 머리를 포함해서 5~6cm 정도로 토막을 낸다.

2 무, 두부는 가로 2.5cm, 세로 3.5cm, 두께 0.8cm 크기로 썰고 호박은 0.5cm 두께로 반달형으로 썬다. 쑥갓과 파는 4cm 길이로 자르고 풋고추, 홍고추는 통으로 0.5cm 두께로 어슷하게 썰어 물에 담가 씨를 제거해 놓는다.

3 마늘, 생강은 다진다.

4 냄비에 물을 끓이다가 고추장을 풀고 손질해 놓은 무를 넣어 끓인다.

5 무가 반쯤 익으면 생선을 넣어 끓인다.

6 끓어오르면 호박, 두부, 다진 마늘·생강, 풋고추, 홍고추, 실파를 넣고 고춧가루와 소금으로 간을 맞춘다.

7 거품을 걷어 내면서 끓이다가 충분히 생선맛이 우러나면 쑥갓을 살짝만 넣었다 빼고 불을 끈다.

8 그릇에 재료를 담고 쑥갓을 위에 올려 모양내어 담아낸다.

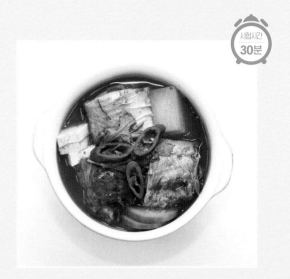

완자탕

1 소고기 사태는 육수를 내고 살코기는 곱게 다진다.

2 두부는 물기를 짜서 곱게 으깬 후 다진 소고기와 소금, 설탕, 후추, 다진 파·마늘, 참기름, 깨소금으로 양념하여 직경이 3cm인 완자를 6개 만든다.

3 달걀을 노른자와 흰자로 분리하여 약간의 소금을 넣고 지단을 만들어 마름모꼴로 썬다.

4 완자는 밀가루와 달걀물을 골고루 묻힌 다음 기름 두른 팬에 굴려가며 익힌다.

5 육수에 간장과 소금으로 간을 맞추고 끓으면 완자를 넣어 잠시 끓이다가 그릇에 담고 황·백지단을 띄워 제출한다.

육원전

1 소고기는 기름기를 제거하여 곱게 다지고, 두부도 면보에 짜서 칼 등으로 곱게 으깬다.

2 파, 마늘을 곱게 다진다.

3 소고기와 두부에 양념을 넣고 고루 섞어 끈기가 나도록 치댄 후 지름 4.5cm 정도로 동글납작하게 빚는다.

4 달걀은 소금을 약간 넣어 잘 풀은 뒤 체에 내린다.

5 완자에 밀가루를 고루 묻히고 달걀을 푼 물에 담갔다가 팬에 기름 을 약간 두르고 약한 불에서 지져낸다.

표고전

1 소고기는 핏물을 제거한 후 곱게 다지고, 물기를 꼭 짠 두부도 으 깬다.

2 파, 마늘은 곱게 다진다.

3 소고기와 으깬 두부를 합하여 다진 파, 마늘 등 양념을 넣어 골고 루 치댄다.

4 불린 표고버섯은 기둥을 떼고 물기를 짜서 안쪽에 양념한다.

5 표고 안쪽에 밀가루를 묻히고 양념한 고기소를 편편하게 채운다.

6 달걀은 노른자에 흰자를 1~2큰술 정도 섞어 소금을 약간 넣어 잘 풀은 후 체에 내린다.

7 소가 들어간 쪽만 밀가루를 바르고 달걀 푼 물에 묻혀 기름에 지 지고 뒤집어 살짝 지진다.

풋고추전

1 풋고추는 반으로 갈라 씨를 발라내고 5cm 길이로 잘라서 끓는 소금물에 데쳐 찬물에 식히고 파, 마늘을 곱게 다진다.

2 소고기는 핏물을 제거하여 곱게 다지고, 두부는 물기를 꼭 짜서 칼 등으로 으깬다.

3 다진 소고기에 으깬 두부를 넣고 소금, 설탕, 다진 파·마늘, 깨소금, 후춧가루, 참기름을 넣어 고루 양념하여 끈기나도록 치댄다.

4 풋고추 안쪽에 밀가루를 묻히고 고기소를 편편하게 채워 놓는다.

5 달걀은 노른자에 흰자를 1~2큰술 정도 넣고 소금을 넣어 잘 풀어 체에 내리고 소 넣은 쪽만 밀가루와 달걀물을 묻힌다.

6 기름 두른 팬에 소가 있는 쪽만 약한 불로 노릇하게 지져 완성 그릇에 담아낸다.

생선전

1 생선은 머리, 내장 등을 제거하고 깨끗이 씻은 후 세장 뜨기를 한다.

2 껍질 쪽을 밑으로 가도록 두고 꼬리 쪽에 칼을 넣어 조금 떠 벗겨진 껍질을 왼손에 잡은 상태에서 칼은 밀고 껍질은 잡아당기며 제거한다.

3 손질된 생선살은 0.4cm×5cm×6cm가 되도록 포를 떠서 소금, 흰후춧가루로 간한다.

4 달걀물에 소금을 약간 넣어 잘 풀어 체에 내린다.

5 생선살의 물기를 마른 면보로 눌러 준 후 밀가루를 고루 묻혀 달걀 푼 물에 담갔다가 기름 두른 팬에서 노릇하게 지져낸다.

너비아니구이

1 소고기는 핏물, 기름 등을 제거하고 가로, 세로 5cm×6cm, 두께 0.4cm 정도로 썰어 칼로 자근자근 두드린다.

2 파, 마늘은 곱게 다지고, 배는 강판에 갈아서 즙을 내어 양념장을 만든다.

3 양념장에 고기를 한 장씩 재워 맛이 고루 배도록 재워둔다.

4 석쇠에 기름을 바르고 달군 뒤 양념장에 재운 고기를 타지 않게 고루 굽는다.

5 잣은 곱게 다져 보슬보슬하게 만든다.

6 구운 고기를 완성 접시에 담고 잣가루를 뿌린다.

시험시간 25분

제육구이

1 제육은 핏물, 기름 등을 제거하고 0.4cm×4.5cm×5.5cm로 썰어 칼집을 넣어 오그라들지 않게 한다.

2 파, 마늘, 생강을 곱게 다져 고추장에 간장, 설탕, 후춧가루, 깨소금, 참기름을 넣어 고추장 양념장을 만든다.

3 제육에 고추장 양념장을 골고루 묻혀 간이 배도록 한다.

4 석쇠에 기름을 발라 달군 후 양념한 고기를 타지 않게 고루 익히면서 굽는다.

시험시간 30분

생선양념구이

1 생선은 생선 모양을 살려 아가미와 내장을 깨끗이 제거한 다음 앞뒤로 칼집을 생선 크기에 따라 2~3번 넣어 소금을 약간 뿌려 둔다.

2 생선의 물기를 닦고 유장을 발라서 재워 놓는다.

3 기름을 바른 석쇠를 잘 달군 후 유장 바른 생선을 애벌구이한다.

4 파, 마늘을 곱게 다져 고추장 양념을 만든다.

5 생선살이 거의 익으면 고추장 양념을 발라서 타지 않게 잘 굽는다.

6 생선을 담을 때 머리는 왼쪽, 꼬리는 오른쪽, 배는 앞쪽으로 오게 담는다.

시험시간 30분

북어구이

1 북어포는 물에 적셔둔다.

2 부드럽게 불린 북어포는 머리, 꼬리, 지느러미, 잔가시 등을 제거 한 후 물기를 눌러 짜서 6cm 길이 3토막으로 자른다.

3 껍질 쪽에 칼집을 넣어 오그라들지 않도록 한 다음 앞뒤를 유장에 재운다.

4 석쇠는 달구어 기름을 바르고 유장에 재운 북어포를 살짝 굽는다.

5 파, 마늘을 곱게 다져 고추장 양념을 만든다.

6 북어포에 고추장 양념장을 앞뒤, 단면에 고루 바르고 타지 않게 굽는다.

시험시간 20분

더덕구이

시험시간 30분

1 통더덕은 깨끗이 씻어 껍질을 돌려가며 벗긴다.

2 더덕은 방망이를 이용하여 통이나 반으로 갈라 두드려 소금물에 쓴맛을 우려낸다.

3 소금물에 담갔던 더덕은 물기를 제거하고 방망이로 자근자근 두들겨 평평하게 펴서 유장을 만들어 바른다.

4 기름 바른 석쇠를 사용해 유장을 바른 더덕을 굽는다.

5 파, 마늘을 다져 고추장 양념을 만든다.

6 애벌 구운 더덕에 고추장 양념을 고루 바르고 석쇠에서 타지 않게 굽는다.

7 더덕은 길이를 감안하여 적당한 길이로 잘라 전량을 완성 접시에 가지런히 담아낸다.

섭산적

시험시간 30분

1 소고기는 기름기 없는 우둔살이나 대접살을 준비하여 핏물을 제거한 후 곱게 다진다.

2 두부는 면보에 물기를 꼭 짠 후 칼등으로 으깨어 고기와 함께 섞고 파, 마늘을 다진다.

3 소고기와 두부에 다진 파 · 마늘, 소금, 설탕, 후춧가루, 깨소금, 참기름을 한데 섞어 끈기 있게 고루 치댄다.

4 양념한 고기를 도마 위에 놓고 두께가 0.7~1cm 정도가 되게 반대기를 지어 가로세로 잔칼집을 넣는다.

5 석쇠에 기름을 발라 타지 않게 고루 굽는다.

6 잣은 종이 위에 놓고 잘게 다져 보슬보슬하게 만든다.

7 구운 섭산적이 식으면 가장자리를 정리하고 2cm×2cm 크기로 썰어 그릇에 담고 잣가루를 뿌려낸다.

화양적

시험시간 35분

1 오이는 6cm×1cm×0.6cm로 썰어 소금물에 절인다.

2 당근과 도라지는 오이와 같은 크기로 썰어 소금물에 삶는다.

3 파, 마늘을 다진다.

4 소고기는 7cm×1cm×0.6cm로 썰고 칼집을 넣어 양념한다.

5 표고버섯은 기둥을 떼고 물기를 제거한 후 다른 재료들과 같은 크기로 썰고 간장, 설탕, 참기름으로 밑간한다.

6 잣은 고깔을 떼고 곱게 다져 준비한다.

7 달걀노른자에 소금을 약간 넣어 0.6cm 두께로 두껍게 부쳐 다른 재료들과 같은 크기로 썬다. → 달걀흰자는 사용하지 않음

8 팬에 기름을 두르고 오이, 도라지, 당근, 표고, 소고기를 볶는다.

9 산적꼬치에 재료를 색 맞추어 끼워 꼬치 양쪽이 1cm 정도 남도록 한다.

10 완성 접시에 화양적을 담고 잣가루를 뿌려낸다.

지짐누름적

시험시간 35분

1 당근과 도라지는 0.6cm×6cm×1cm로 썰어 소금물에 데친다.

2 쪽파는 6cm로 썰어 소금, 참기름에 무쳐 놓는다.

3 표고도 기둥을 떼고 길이 0.6cm×6cm×1cm로 썬다.

4 소고기는 핏물을 제거하고 0.6cm×7cm×1cm로 썰어 잔 칼집을 넣는다.

5 파, 마늘은 곱게 다진다.

6 소고기는 양념장에 무쳐 놓고, 표고는 간장 · 설탕 · 참기름으로 밑간한다.

7 기름 두른 팬에 도라지, 당근, 표고, 소고기 순으로 각각 볶고 산적꼬치에 준비된 재료들을 골고루 끼운다.

8 달걀노른자에 흰자를 적당량 섞고 소금을 넣어 잘 푼 후 체에 내린다.

9 꼬치에 밀가루를 묻히고 달걀물에 담갔다가 기름 두른 팬에 지져 낸다.

10 식으면 꼬치를 빼서 담아낸다.

탕평채

1 미나리는 다듬어 끓는 물에 소금을 약간 넣어 데치고, 찬물에 헹궈 수분을 제거한 후 4~5cm로 자른다. 숙주는 머리꼬리를 떼어 삶는다.

2 청포묵은 길이 6cm, 두께와 폭은 0.4cm로 썰어 끓는 물에 부드럽게 데친다.

3 파, 마늘은 곱게 다지고 소고기는 4~5cm로 채 썰어 양념한다.

4 달걀은 황·백지단으로 나누어 소금을 넣고 각각 부쳐 4cm 길이로 채 썬다.

5 양념한 소고기는 기름 두른 팬에 볶고, 김은 구워서 부순다.

6 준비한 재료를 합하여 초간장으로 무쳐 그릇에 담고 김과 지단채를 고명으로 얹는다.

겨자채

1 냄비에 물을 올려 끓인다.

2 밤은 납작하게 썰어 찬물에 담근다.

3 겨자분의 따뜻한 물을 동량으로 넣어 발효시킨다(발효 온도 50℃ 전후).

4 물이 끓으면 고기를 덩어리째 삶는다.

5 양배추, 오이, 당근은 길이 4cm, 폭 1cm, 두께 0.3cm로 썰어 찬물에 담가 싱싱하게 해놓는다.

6 배는 채소와 같은 크기로 썰어 설탕물에 담갔다 꺼낸다.

7 발효시킨 겨자에 설탕, 식초, 소금을 넣어 겨자소스를 만든다.

8 달걀을 흰자·노른자로 분리해서 약간의 소금을 넣고 지단을 부친 후 채소와 같은 크기로 썬다.

9 삶은 고기는 채소와 같은 크기로 썬다.

10 준비한 재료들을 물기를 닦고 내기 직전에 겨자소스에 골고루 버무려 담는다. 잣은 고깔을 떼고 위에 올려 낸다.

잡채

1 당면은 찬물에 담가 두고, 냄비에 물을 올려 끓여 목이버섯을 불린다.

2 숙주는 거두절미하고 소금을 넣어 삶고 파, 마늘을 다진다.

3 오이는 6cm로 돌려깎기하여 폭 0.3cm, 두께 0.3cm로 채 썰어 소금에 절였다가 물기를 짠다.

4 당근과 표고버섯은 오이와 같은 크기로 채 썬다.

5 도라지는 당근과 같은 크기로 썰어 소금물에 쓴맛을 우려내고 물기를 짠다. 양파도 같은 크기로 채 썬다.

6 소고기는 결대로 채 썰어 양념하고, 목이버섯은 찢어 표고버섯과 함께 양념(간장, 참기름)한다.

7 달걀은 황·백지단으로 부쳐 0.2cm×0.2cm×4cm로 채 썬다.

8 팬에 기름을 두르고 손질한 채소, 버섯, 소고기를 각각 볶는다.

9 당면을 끓는 물에 삶아 물에 헹구어 건져서 길이를 짧게 끊어 간장, 설탕, 참기름으로 무쳐 볶는다.

10 볶아 놓은 재료와 당면을 한데 합해 골고루 버무려 접시에 담고 달걀 지단을 고명으로 얹는다.

시험시간 **35분**

칠절판

1 냄비에 물을 끓여 석이버섯을 불린다.

2 밀가루 4~5큰술, 물 6큰술에 소금을 약간 넣어 잘 풀어서 체에 걸러 둔다.

3 오이는 소금으로 문질러 씻은 후 5cm로 토막 내어 돌려깎기하여 0.2cm 두께로 채 썰어 소금물에 절이고, 당근도 같은 크기로 채 썬다.

4 파, 마늘은 잘게 다진다.

5 소고기는 0.2cm로 가늘게 결대로 채 썰어 양념하고 석이버섯도 손질하여 채 썰고 소금, 참기름에 무친다.

6 밀전병 반죽은 직경 8cm로 얇게 부친다.

7 달걀은 황·백지단을 나누어 소금을 넣고 지단을 부쳐 0.2cm×0.2cm×5cm로 채를 썬다.

8 팬에 기름을 두르고 손질한 오이, 당근, 석이버섯, 소고기 순으로 각각 볶는다.

9 완성하면 접시 중앙에 밀전병을 놓고 준비한 재료를 색 맞추어 돌려 담는다.

시험시간 **40분**

미나리강회

시험시간 35분

1 다듬은 미나리는 줄기 부분만 끓는 물에 소금을 넣고 데쳐서 찬물에 헹구어 물기를 제거하고, 굵은 부분은 반으로 가른다.

2 홍고추는 길이 4cm, 폭 0.5cm로 썬다.

3 소고기는 끓는 물에 덩어리째 삶아서 눌러 식으면 길이 5cm, 폭 1.5cm, 두께 0.3cm 정도로 썬다.

4 달걀은 황·백지단을 분리하여 소금을 넣어 도톰하게 부쳐 편육과 같은 크기로 썬다.

5 편육, 황·백지단, 홍고추를 함께 잡고 미나리로 감는다.

6 초고추장을 만들어 낸다.

육회

시험시간 20분

1 마늘 일부는 편으로 썰고 나머지는 다진다. 파도 곱게 다진다.

2 주어진 소고기는 기름을 제거하고 두께와 폭을 0.3cm, 길이는 6cm로 가늘게 채 썰어 준비한다.

3 배는 설탕물에 담가 놓는다.

4 배를 채 썰어 물기를 없애고 접시의 가장자리에 돌려 담는다.

5 마늘편은 배 안쪽에서 옆으로 둥그렇게 돌려 담는다.

6 채 썰어 준비한 소고기에 소금, 설탕, 다진 파·마늘, 깨소금, 후춧가루, 참기름을 넣어 무친 후 접시 한가운데에 육회를 얹는다.

7 잣은 고깔을 떼고 다져 보슬보슬한 가루를 만들어 고명으로 얹는다.

홍합초

1 생홍합은 소금물에 흔들어 씻은 후 이물질을 제거하여 끓는 물에 살짝 데친다.

2 파는 2cm 길이로 썰고, 마늘, 생강은 편으로 썰어 둔다.

3 냄비에 간장, 설탕, 물을 넣고 끓으면 데친 홍합, 파, 마늘, 생강편을 넣어 약한 불에서 국물을 끼얹어 윤기나게 조린다.

4 국물이 거의 조려지면 후춧가루와 참기름을 넣는다.

5 완성 접시에 윤기나게 조린 홍합을 담고 국물을 약간 끼얹고, 잣은 고깔을 떼고 곱게 다져 홍합 위에 올린다.

시험시간 20분

오징어볶음

1 오징어는 내장을 제거하고 껍질을 벗겨 깨끗이 씻어 몸통 안쪽에 0.3cm 폭으로 가로세로로 어슷하게 칼집을 넣어 길이 5cm, 폭 2cm로 썰고, 다리는 5~6cm 길이로 썰어 준비한다.

2 홍고추와 풋고추는 어슷하게 썰어 씨를 털어내고, 대파도 어슷하게 썬다. 그리고 양파는 폭 1cm 두께로 썬다.

3 마늘과 생강은 다진다.

4 고추장에 다진 마늘과 생강, 고춧가루, 간장, 설탕, 깨소금, 후춧가루, 참기름을 넣어 양념장을 만든다.

5 뜨거운 팬에 기름을 넣고 양파를 볶다가 오징어를 넣고 양념장으로 볶은 후 홍고추, 풋고추, 대파를 넣고 간이 배도록 볶는다.

6 참기름을 넣어 윤기를 낸다.

7 완성 접시에 담을 때 칼집을 낸 몸통 부분이 위로 보이도록 채소와 조화롭게 담아낸다.

시험시간 30분

두부조림

1 두부는 0.8cm×3cm×4.5cm 정도로 네모지게 썰어 소금을 뿌려 둔다.

2 파의 일부는 다져 양념장에 쓰고, 나머지는 채 썰어 놓는다.

3 마늘은 다지고, 실고추는 2cm로 자른다.

4 두부의 물기를 닦고 팬에 기름을 두르고 뜨거워지면 두부를 노릇하게 앞뒤로 지진다.

5 양념간장을 만들어 준비한다.

6 냄비에 두부를 넣고 양념장을 골고루 얹고 물을 3큰술 정도 가장자리에 돌려 부어 은근한 불에서 국물을 끼얹어 가며 천천히 조린다.

7 어느 정도 조려지면 채썬 파와 실고추를 고명으로 얹고 잠시 뚜껑을 덮어 뜸을 들인다.

8 두부조림 8쪽을 그릇에 담고 촉촉하게 보이도록 국물을 끼얹어 낸다.

시험시간
25분

무생채

1 무는 길이 6cm, 두께와 폭은 0.2cm 크기로 일정하게 썰어 놓는다.

2 고춧가루를 고운 체에 내린다.

3 채 썬 무에 고운 고춧가루를 넣고 붉게 물들인다.

4 파·마늘은 곱게 다진다.

5 물들인 무에 다진 파·마늘, 생강, 소금, 설탕, 식초, 깨소금을 넣어 버무린다.

6 양념은 내기 직전에 무쳐야 물이 생기지 않는다.

시험시간
15분

도라지생채

시험시간 15분

1 도라지는 껍질을 벗겨 씻은 다음 0.3cm×0.3cm×6cm로 썰어 소금물에 주물러 쓴맛을 없애고 물에 헹구어 면보에 물기를 눌러 짠다.

2 파, 마늘을 곱게 다져서 고추장, 고춧가루, 설탕, 식초, 깨소금을 잘 섞어 초고추장을 만든다.

3 도라지에 초고추장을 조금씩 넣어가며 고루 무친다.

4 물이 생기지 않게 내기 직전에 무쳐 낸다.

더덕생채

시험시간 20분

1 더덕은 껍질을 벗기고 자근자근 두드려 소금물에 잠시 담가 쓴맛을 우려낸다.

2 더덕은 밀대로 밀어 가늘고 길게 찢는다.

3 고춧가루는 고운 체에 내리고 파·마늘은 곱게 다진다.

4 더덕에 양념을 넣어가며 가볍게 버무려 부풀려서 담는다.

배추김치

시험시간 35분

1 배추는 깨끗이 씻어서 물기를 뺀다.

2 김치 재료는 다듬어 씻어서 물기를 거둔다.

3 물에 찹쌀가루를 풀어 풀을 쑨 뒤 식혀 둔다.

4 무는 0.3cm×0.3cm×5cm 크기로 채 썰어 고춧가루로 버무려 색을 들인다.

5 마늘, 생강, 새우젓은 다지고, 실파, 갓, 미나리, 대파(채썰기)는 4cm로 썰어 준비한다.

6 고춧가루에 버무린 무채에 찹쌀풀, 다진 마늘·생강·새우젓, 액젓, 설탕을 넣고 잘 섞은 후 실파, 갓, 미나리, 대파를 넣어 골고루 버무려 김칫소를 만든다. 소금 1작은술, 물 1큰술 정도 추가한다.

7 양념소를 배춧잎 사이사이에 골고루 채우고 반을 접어서 마지막 겉잎으로 잘 싸서 마무리한다.

오이소박이

시험시간 20분

1 오이는 껍질 부분을 소금으로 문질러 씻은 후 6cm 길이로 3토막 자른다.

2 자른 오이는 양 끝을 1cm 정도 남기고 3~4갈래 칼집을 넣어 소금물에 절인다.

3 부추는 1cm 길이로 자르고, 파, 마늘, 생강, 새우젓은 다진다.

4 물 1큰술 정도에 고춧가루 1큰술을 넣어서 불려 놓는다.

5 고춧가루에 새우젓, 파, 마늘, 생강, 소금을 넣고 고루 섞어 양념하여 부추를 넣고 소를 만든다.

6 오이가 충분히 절여졌으면 씻은 후 소창(면보)에 싸서 물기를 뺀다.

7 오이의 칼집 사이에 소를 채워 넣는다.

8 오이를 완성 그릇에 담은 후, 그릇에 남은 양념에 물을 조금 넣어 김칫국물을 만들어 오이소박이 가장자리에 조심스럽게 붓는다.

재료 썰기

1 주어진 재료는 깨끗이 씻어 준비한다.

2 달걀은 흰자, 노른자를 분리하여 알끈과 거품을 제거하고 약간의 소금을 넣어 잘 풀어준 뒤 기름을 두른 팬에 지단을 얇게 부친다.

3 무, 오이는 0.2cm×0.2cm×5cm 길이로 채 썬다. 오이는 소금으로 문질러 깨끗이 씻은 후 돌기를 제거하고 돌려깎기하여 채 썬다.

4 당근은 껍질을 제거하여 0.2cm×1.5cm×5cm 크기로 골패 썰기를 한다.

5 달걀지단은 완자(마름모꼴)모양으로 한 면의 길이가 1.5cm로 황, 백 각각 10개를 썰고, 나머지는 채(0.2cm×0.2cm×5cm) 썰기를 한다.

시험시간 25분

MEMO

MEMO

MEMO

MEMO

MEMO

MEMO

MEMO

좋은 책을 만드는 길
독자님과 함께하겠습니다.

한식조리기능사 실기 한권합격

개정7판1쇄 발행	2025년 01월 10일 (인쇄 2024년 07월 09일)
초 판 발 행	2018년 02월 05일 (인쇄 2018년 01월 03일)
발 행 인	박영일
책 임 편 집	이해욱
저 자	배은자 · 김아현
편 집 진 행	윤진영 · 김미애
표 지 디 자 인	권은경 · 길전홍선
편 집 디 자 인	권은경 · 길전홍선
사 진 · 영 상	박근혁 · 조재웅
발 행 처	(주)시대고시기획
출 판 등 록	제10-1521호
주 소	서울시 마포구 큰우물로 75 [도화동 538 성지 B/D] 9F
전 화	1600-3600
팩 스	02-701-8823
홈 페 이 지	www.sdedu.co.kr
I S B N	979-11-383-7514-6(13590)
정 가	20,000원